Do Hidrogênio ao Urânio Fortes elementos para o Mundo

O Estudo da Física do Hidrogênio ao Urânio em nossas vidas

ÍNDICE
1. Introdução ao Hidrogênio e ao Urânio
2. A História da Física e os Elementos Químicos
3. Estruturas Atômicas e Propriedades dos Elementos
4. Interações Químicas: Do Hidrogênio ao Urânio
5. O Papel do Hidrogênio na Energização do Futuro
6. Energia Nuclear: Potencial e Controvérsias
7. Experimentação e Pesquisa no Estudo dos Elementos
8. Questões Éticas e Sociais Relacionadas ao Urânio
9. Estudos de Caso: Impactos Gerais e Locais
10. Atividades Práticas para Entendimento Científico
11. Quizzes e Verificação de Conhecimento
12. Conclusão: Reflexões sobre a Física e sua Relevância

Seja bem-vindo, leitor!
É com imensa alegria e gratidão que o acolho às páginas de "Do Hidrogênio ao Urânio:

Fortes Elementos para o Mundo". Ao folhear estas folhas, você não está apenas iniciando a leitura de um livro; você está embarcando em uma jornada fascinante pela rica tapeçaria da física e da química, indo de moléculas simples e elementares, como o hidrogênio, até elementos complexos e intrigantes, como o urânio. Essa obra foi meticulosamente planejada para proporcionar uma compreensão abrangente e enriquecedora das interações entre os elementos químicos e sua profunda influência nas nossas vidas cotidianas.

A proposta deste livro é muito mais do que simples exposições teóricas. Através de um panorama cuidadoso e detalhado, pretendemos guiá-lo em cada passo da sua leitura, mostrando como cada elemento — pequeno ou grande, simples ou complexo — desempenha um papel vital e muitas vezes decisivo nos vários contextos da nossa existência. Ao longo da narrativa, você encontrará referências e estudos de caso que não apenas ilustram a teoria, mas a vinculam a impactos reais na sociedade e no cotidiano das pessoas. Cada capítulo foi pensado para não apenas transmitir conhecimento, mas também para fazer você refletir sobre a relação intrínseca que existe entre a ciência, a ética e as escolhas que fazemos na vida.

Um dos objetivos principais deste livro é incentivar discussões sobre as metodologias utilizadas em pesquisas científicas. Em um mundo que avança em passos largos, é imprescindível manter-se atualizado e consciente sobre os métodos e técnicas que moldam as descobertas científicas. As referências bibliográficas foram escolhidas criteriosamente, garantindo que você, leitor, tenha acesso a informações não apenas ricas em conteúdo, mas também embasadas em evidências e dados atuais.

Mergulhando mais fundo, você encontrará um conjunto de objetivos pedagógicos se desdobrando. Os estudos de caso foram selecionados para proporcionar uma conexão real e palpável entre a teoria e a prática, onde decisões e descobertas científicas impactaram vidas. Exemplos como o uso do hidrogênio como uma alternativa renovável ou as complexas controvérsias em torno da energia nuclear irão provocar sua curiosidade e reflexão, levando-o a pensar no presente e no futuro da ciência.

Os experimentos práticos a serem sugeridos ao longo do livro visam tornar a ciência uma experiência acessível e tangível. Cada atividade foi projetada para ser simples o suficiente para que você possa realizá-las em casa, permitindo que as ideias científicas se tornem parte do seu cotidiano. A prática é uma das melhores maneiras de aprender, e aqui você encontrará não apenas leitura, mas a possibilidade de ação e experimentação.

Além disso, debates e discussões sobre questões éticas vão surgir através de questionamentos sobre a responsabilidade ambiental no uso de recursos, especialmente no que diz respeito ao urânio. Estimular sua mente crítica é um dos propósitos dessa obra.

Ao final de cada capítulo, quizzes e questionários serão oferecidos para testar sua compreensão e consolidar o aprendizado, permitindo que você atue ativamente em sua formação. Este estilo interativo busca agradar diferentes tipos de leitores, tornando o aprendizado um verdadeiro desafio empolgante.

Decidimos também incluir recursos visuais, gráficos e imagens envolventes que ilustram conceitos de forma clara e objetiva. A técnica educacional visual é uma ferramenta poderosa e, ao longo do texto, você verá como isso facilita a assimilação de informações complexas.

O compromisso com a atualização constante é uma parte vital deste livro. As descobertas científicas desafiam frequentemente as concepções existentes e, por isso, é nosso dever apresentar informações pertinentes que refletem o dinamismo da ciência.

E ao longo de toda esta obra, uma linguagem acessível e envolvente será mantida. Um estilo natural será utilizado para estabelecer uma conexão verdadeira e humana, acercando a ciência das experiências diárias de cada um. Os diálogos e exemplos trazidos aqui servirão para reforçar a ideia de que a física não é uma disciplina isolada, mas uma parte intrínseca do nosso cotidiano.

Assim, ao longo desta jornada acadêmica e pessoal, espero que "Do Hidrogênio ao Urânio: Fortes Elementos para o Mundo" se torne uma leitura não só necessária para aprendizados acadêmicos, mas também uma ferramenta de inspiração para a compreensão do impacto dos elementos químicos na sociedade contemporânea. Que este livro seja um legado construído juntamente a você, através do fascinante mundo da ciência.

Com carinho e dedicação,
Ezequias de Souza Ferraz Júnior

Capítulo 1: Introdução ao Mundo dos Elementos Químicos

A química, uma das ciências mais fascinantes, tem suas raízes ancoradas na alquimia, uma prática antiga que buscava a transformação de materiais em busca de riquezas ou de uma elixir da vida eterna. Os alquimistas, com suas crenças místicas, não se deram conta de que estavam lançando as bases para uma ciência que evoluiria rapidamente, culminando na moderna química que conhecemos hoje. Nas laborações quimércias do passado, encontramos a semente da curiosidade humana: o desejo de compreender, transformar e utilizar os elementos que compõem o mundo ao nosso redor.

Uma das descobertas mais ilustres nessa jornada foi o hidrogênio, o elemento mais simples e abundante do universo. Em um estudo celestial, é o lego fundamental de toda a matéria, composto por apenas um próton e um elétron. O hidrogênio não apenas iluminou as reações químicas que iluminaram o entendimento humano, como também serviu de propulsor em diversas inovações tecnológicas, desde as pilhas de hidrogênio até sua publicidade como combustível do futuro.

Por outro lado, encontramos o urânio, familiarizado principalmente em discussões sobre energia nuclear e suas implicações éticas. Compreendido como um elemento pesado e radioativo, o urânio se destaca por seu uso nas reações de fissão nuclear — um processo que gera uma quantidade massiva de energia. A partir do urânio, aprendemos a harnessar fontes de poder, mas também a nocividade que pode advir de suas aplicações irresponsáveis.

A importância do hidrogênio e do urânio transcende as barragens da ciência para infiltrar-se em nossas vidas diárias. Na medicina, o hidrogênio desempenha um papel vital como parte de diversas moléculas biológicas e nos tratamentos terapêuticos. O urânio, por sua vez, está intrinsecamente ligado à produção de energia em larga escala — uma necessidade premente em um mundo que luta contra as mudanças climáticas. Essas duas contribuições exemplificam como a química se alinha à física; ao tentarmos entender elementos em suas interações atômicas, percebemos que a ciência não se divide em compartimentos estanques, mas sim se entrelaça em uma tapeçaria rica de conhecimento e experiência.

Esse entendimento começa na articulação das partículas atômicas que compõem esses elementos. A estrutura do hidrogênio é simples, mas sua essência é profunda. Já o urânio, com seus pós, nêutrons e uma configuração eletrônica mais complexa, traz à tona conceitos de estabilidade e instabilidade radioativa, com implicações práticas e teóricas que desafiam os cientistas em todo o mundo.

Em suma, ao nos aventurarmos neste mundo dos elementos, somos chamados a explorar as conexões entre o que descobrimos e como essas descobertas integram-se à sociedade contemporânea. O propósito deste capítulo é nos guiar pelo fascinante início da química, oferecendo uma compreensão sólida e intrigante de como elementos aparentemente simples como o hidrogênio e o urânio moldam nosso presente e nos guiam rumo ao futuro. Que esta jornada seja não apenas informativa, mas também transformadora, estimulando o interesse por um campo que, à primeira vista, parece distante, mas está, na verdade, incrustado em cada aspecto da nossa vida.

No coração da química, está a estrutura atômica que define cada elemento, incluindo o modesto e vigoroso hidrogênio e o pesado e enigmático urânio. O modelo atômico que classifica essas pequenas unidades construtoras da matéria nos revela não apenas seus componentes, mas também como suas disposições nos conferem propriedades únicas e fascinantes, essenciais para o entendimento de interações químicas.

Comecemos pelo hidrogênio, que, como o primeiro elemento na tabela periódica, vem com um único próton no seu núcleo e um elétron a girar ao seu redor. Essa configuração simples dá ao hidrogênio uma leveza que desafia as amarras do mundo material. Ele é altamente reativo, formando ligações com muitos outros elementos, levando à formação de compostos fundamentais, como a água, a molécula da vida. Essa facilidade de se combinar é uma de suas características mais intrigantes, causando reações que vão muito além da química, atingindo o âmago de processos biológicos que sustentam todos os seres vivos.

De outra parte, o urânio, com a sua complexidade, é composto por 92 prótons e uma variedade de nêutrons, formando uma estrutura pesada que é a chave para reações de fissão nuclear. Aqui, entramos no reino da radioatividade, pois algumas de suas formas isotópicas são instáveis e liberam grandes quantidades de energia na forma de radiação e calor, quando os núcleos se dividem. O saldo entre estabilidade e instabilidade torna o urânio um elemento intrigante e vital, especialmente quando discutimos sua aplicação para fornecer energia em um mundo que busca alternativas sustentáveis.

As propriedades químicas do hidrogênio, como sua solubilidade e a habilidade em formar ligações covalentes, tornam-no um componente essencial em muitos processos industriais, desde a produção de amônia até o armazenamento de energia em células de combustível. Já o urânio, devido à sua densidade e capacidade de liberar energia, o coloca na vanguarda do debate sobre energia nuclear, gerando eletricidade para milhões, mas também levantando questões sobre os resíduos que gera e os riscos associados a acidentes nucleares.

Além disso, a tabela periódica, aquele moderno sistema de organização dos elementos, coloca o hidrogênio e o urânio em posições bem distintas. Enquanto o hidrogênio nos lembra da leveza e simplicidade da natureza, o urânio nos desafia a confrontar a complexidade e as consequências de seu uso. Essa disposição na tabela ilustra como, em meio a uma coleção de elementos, emergem características que não apenas fazem parte da descrição científica, mas que carregam implicações em todos os aspectos sociais e éticos.

É essencial, portanto, refletirmos sobre a ligação entre a estrutura atômica e as propriedades dos elementos, pois essa relação revela muito sobre como eles interagem e como podemos manipulá-los para inovar e resolver desafios contemporâneos. O conhecimento das propriedades do hidrogênio e do urânio vai além da teoria, possibilitando que tenhamos práticas que impactam nossas vidas, desde o ar que respiramos e a energia que consumimos até a saúde que perseguimos.

Ao compreendermos as nuances respeitantes às interações atômicas, ficamos aptos para apreciar a importância desses elementos em indústrias, tecnologias emergentes e em nosso cotidiano. Cada átomo que compõe o que experimentamos diariamente é uma prova da rica tapeçaria da química, que conecta o invisível ao tangível, estimulando a curiosidade e o desejo de descobrir mais sobre o universo em que habitamos.

As we delve nas profundezas da química e suas aplicações, encontramos que o hidrogênio não é apenas o "elemento da vida", mas também o portador de promessas para um futuro sustentável. Seu uso se expande em várias frentes, como combustível em células de hidrogênio, que estão se posicionando rapidamente como alternativas viáveis às fontes fósseis de energia. Imagine um mundo onde os carros não produzem poluição, mas sim água como subproduto. Essa é a visão que temos com a incorporação do hidrogênio em nossas rotinas diárias.

O hidrogênio, em sua forma mais pura, oferece um potencial inexplorado para armazenar e liberar energia. Ele pode ser obtido por processos como a eletrólise da água, onde a eletricidade é usada para separar os compostos da água, resultando em uma fonte de combustível limpa e renovável. Aqui, a interação entre a química e a ética conflui, chamando-nos a responsabilidade em como aproveitamos os recursos disponíveis no planeta.

Ainda assim, a introdução do hidrogênio em nossa matriz energética não é isenta de desafios. Assim como o urânio, que se destaca por suas propriedades de fissão e radioatividade, o hidrogênio apresenta suas próprias questões complexas. O armazenamento, a distribuição e a segurança envolvidas em lidar com um gás tão volátil exigem inovações tecnológicas e políticas públicas eficazes. As sucessivas debates sobre segurança, tanto em relação à energia nuclear quanto ao uso do hidrogênio, nos levam a ponderar não apenas sobre a viabilidade técnica, mas também sobre o impacto ético das nossas escolhas enquanto sociedade.

Mudando para o urânio, testemunhamos um elemento que desencadeia conversas não apenas sobre suas aplicações energéticas, mas também sobre normas de segurança que moldam políticas globais. O urânio é um pilar na produção de energia em larga escala, numa época em que as nações lutam por soluções frente à grave crise climática. Contudo, seu uso levanta preocupações persistentes sobre os riscos associados à radiação e ao gerenciamento de resíduos que permanecem perigosos por milênios. A energia nuclear, portanto, ilustra uma balança delicada onde os benefícios precisam ser pesados em relação aos riscos.

A narrativa do urânio não se restringe ao seu potencial energético. Ela aborda a história humana em suas interações complexas com a natureza. Olhar para a energia nuclear requer não apenas uma análise técnica, mas um entendimento profundo do impacto que tem em nossas vidas e comunidades. Histórias de desastres nucleares, como o de Fukushima e Chernobyl, nos lembram que a tomada de decisões deve ser acompanhada por um compromisso contínuo com a segurança e a responsabilidade social.

Nesse sentido, o capítulo se conclui com uma nota de reflexão: enquanto exploramos os caminhos químicos que ligam o hidrogênio e o urânio às suas aplicações práticas, convidamos o leitor a questionar suas próprias percepções e a considerar como suas escolhas energéticas moldam o futuro do nosso planeta. O que está em jogo, aqui, é não apenas ciência, mas uma responsabilidade ética que nos une como comunidade. As descobertas que fazemos não têm significado isolado; elas ecoam através do tempo e do espaço, afetando futuras gerações que herdarão as consequências das nossas ações. Que possamos ser sábios em nossas escolhas e comprometidos com um futuro que valorize a segurança, a sustentabilidade e o respeito à vida em todas suas formas.

Para dar continuidade ao Capítulo 1, avançamos em nossa jornada no universo fundamental dos elementos químicos, detendo-nos agora na metodologia de ensino e propostas de aprendizado. Este segmento traçará um caminho claro ao leitor para que ele não apenas absorva informações, mas também interaja com os conceitos discutidos, integrando-os à sua vida.

A compreensão dos elementos químicos vai muito além de uma simples memorização de fórmulas e reações; trata-se de despertar a curiosidade inerente e promover uma conexão com o cotidiano. Para isso, vamos propor um embasamento sólido que estimule pensamentos críticos e a aplicação prática do conhecimento científico.

Os objetivos de aprendizado, almejados neste capítulo, são claros: pretendemos que o leitor não apenas entenda a importância do hidrogênio e do urânio, mas que também seja inspirado a refletir sobre como esses elementos moldam o nosso mundo e a nossa existência. Questões como: "Como a reatividade do hidrogênio se manifesta em nosso dia a dia?", ou "Que desafios e oportunidades o urânio apresenta em tempos de busca por energia sustentável?" são fundamentais para conduzir o raciocínio crítico e a discussão enriquecedora.

Em meio a essa reflexão, uma gama de atividades propostas permitirá um aprendizado dinâmico. Imagine o leitor realizando experimentos simples em casa, como observar reações químicas entre o bicarbonato de sódio e o vinagre, resultando na formação de dióxido de carbono. Esses experimentos não são meras experiências; são asas que permitem ao pensamento voar longe, mostrando que a química está em cada aspecto da vida.

Além disso, sugerimos estudos de caso sobre as aplicações práticas dos elementos em questão. Um exemplo fascinante pode ser a investigação da maneira que o hidrogênio é utilizado em células de combustível e como esse desenvolvimento se relaciona diretamente com as iniciativas de energia limpa que estão mudando o cenário energético mundial. Por outro lado, o urânio também merece sua parte nas discussões, com ênfase nas lições aprendidas com desastres nucleares passados e como essas experiências moldam as políticas atuais de energia.

Para avaliar a compreensão dos leitores, um quiz de reflexão será incorporado ao final deste segmento. Perguntas como: "Quais são os benefícios e riscos associados ao uso da energia nuclear?" permitirão que os leitores testem seus conhecimentos enquanto aprofundam sua capacidade de relacionar teoria e prática. Queremos que eles saiam mais do que informados; queremos que eles estejam motivados a engajar-se ativamente com as questões que envolvem a química em nossas vidas.

A integração de recursos visuais, como tabelas e gráficos, será amplamente encorajada. Um gráfico que represente a relação entre as emissões de carbono e o uso de hidrogênio em comparação com combustíveis fósseis pode ser um recurso poderoso. Isso não apenas ilustra os dados de maneira acessível, mas também torna palpáveis os impactos que as escolhas energéticas têm sobre o nosso planeta.

Em suma, esse bloco se destina a energizar o leitor. Ao final dele, esperamos que o conhecimento acumulado o faça sentir-se não apenas um consumidor de informação, mas um colaborador ativo no diálogo sobre as aplicações de elementos químicos. Que ele possa contemplar seu papel no grande drama da química que está sempre presente e em evolução.

Essa jornada, desde as intricadas estruturas atômicas do hidrogênio e do urânio até suas potências nas tratar de energias sustentáveis, convida os leitores a um encontro íntimo com a ciência. Cada descoberta traz consigo responsabilidades; e, ao assumir essa vocação, o leitor é convidado a se tornar um defensor da química em um mundo que clama por soluções inovadoras.

À medida que os leitores mergulham nesse oceano de conhecimento, que possam descobrir não apenas a ciência, mas também sua relevância intrínseca — cada átomo é um convidado especial nessa celebração da descoberta, e cada interação é uma oportunidade de mudança. Que a química define nosso presente e delineia nosso futuro, e que cada um de nós possa desempenhar um papel ativo nesse espetáculo grandioso da vida!

Capítulo 2: Explorando as Propriedades e Aplicações do Hidrogênio e Urânio

Propriedades Químicas e Físicas do Hidrogênio

O hidrogênio, o mais simples dos elementos químicos, é um fascinante universo em si. Sua estrutura atômica é composta por um único próton em seu núcleo, cercado por um elétron que dança em sua órbita, elegantemente leve. É exatamente essa simplicidade que confere ao hidrogênio uma reatividade intrigante, sendo capaz de formar ligações com um grande número de elementos. Na tabela periódica, ele brilha como um farol no topo, nos lembrando que, por trás da aparente simplicidade, reside um mundo repleto de possibilidades.

    Os cientistas o descrevem frequentemente como um gás incolor e inodoro, apresentando duas principais características que o tornam único. Primeiramente, sua leveza. O hidrogênio é tão leve que pode subir e escapar para a atmosfera quando não está em combinação com outros elementos. Em segundo lugar, sua reatividade notável: em temperaturas adequadas, ele pode se unir ao oxigênio, formando a essência da vida, a água, em uma reação que não apenas libera energia mas também sustenta toda forma de vida.

    Pensando em seu potencial, o hidrogênio se destaca não apenas nas conversas sobre os elementos e suas propriedades, mas também nos debates globais sobre energia. Na indústria, ele é um protagonista digno de aplausos, utilizado na produção de amônia e como um combustível promissor que poderia transformar o cenário energético mundial. Imagine, por um momento, que em nossas casas e veículos, o hidrogênio é um aliado na luta contra a poluição, promovendo um meio ambiente mais limpo e saudável. O que antes era um conceito distante, está se tornando realidade por meio do desenvolvimento de células de combustível.

    Agora, olha-se para o outro lado da moeda, o urânio. Este é um elemento pesado, radioativo com uma estrutura atômica complexa, composta por 92 prótons, e uma quantidade variável de nêutrons, dependendo de seus isótopos. Essa riqueza atômica dá ao urânio características intrigantes, desde sua densidade massiva até sua instabilidade, o que provoca reações nucleares que podem ser cataclísmicas ou transformadoras, dependendo do contexto em que são aplicadas.

O urânio não é apenas um componente crucial na energia nuclear, mas também um estudioso incansável de efi ciência e controle. Sua capacidade de desencadear reações nucleares ocorre quando seus núcleos instáveis se fragmentam, liberando uma quantidade imensa de energia. Isso mudou o paradigma energético da humanidade — da dependência de combustíveis fósseis para uma alternativa que, embora controversa, pode fornecer uma solução973 para nossas crescentes necessidades energéticas.

Enquanto o hidrogênio promete um futuro de sustentação e revitalização, o urânio nos força a refletir sobre a responsabilidade no uso da energia. Numa era onde as vozes pela sustentabilidade se intensificam, é imprescindível discutir as consequências sociais e os dilemas éticos que envolvem o uso de ambos os elementos. Cada descoberta torna-se não apenas um teste à nossa capacidade científica, mas também um chamado à consciência coletiva, à ação responsável e às consequências de nossas escolhas no mundo atual.

Assim, ao explorarmos as propriedades do hidrogênio e do urânio, somos mais do que meros observadores; somos participantes ativos em uma narrativa que revela o papel crucial da química na vida moderna. Esses elementos, com suas essências contrastantes, não apenas tecem um conto de energia e matéria, mas nos proporcionam a oportunidade de moldar nosso futuro — um futuro onde a química se entrelaça com a ética e a responsabilidade social.

Ao refletirmos sobre essas propriedades e suas potenciais aplicações práticas, podemos perceber que a química não é apenas uma ciência, mas uma conversa em constante evolução que afeta cada um de nós, desafiando nossas visões e nos motivando a agir. Assim, seguimos juntos nesta jornada de descoberta, mergulhando cada vez mais profundamente neste oceano de conhecimento que revela o que há de essencial em nossa existência e nos desafios que nos esperam.

Neste segmento, vamos examinar mais profundamente as propriedades químicas e físicas do urânio, um elemento que possui um papel intrigante na química moderna e nas discussões sobre energia e segurança ambiental.

Começamos com a estrutura atômica do urânio, que se distingue por sua complexidade. Com 92 prótons, o urânio se apresenta em vários isótopos, sendo o ^238U e o ^235U os mais conhecidos. A massa de um átomo de urânio é consideravelmente pesada, o que lhe confere uma densidade elevada e o torna um elemento essencial em diversas aplicações industriais e científicas. Essa proprietà física não é apenas uma curiosidade científica; é também uma característica que implica diretamente sua utilização em processos nucleares.

Em suas interações químicas, o urânio não é apenas um elemento estável. Os isótopos do urânio têm a notável capacidade de se dividir em um processo conhecido como fissão nuclear, liberando uma quantidade massiva de energia. Essa reação é um princípio fundamental das usinas nucleares que utilizam o urânio como combustível. Um único núcleo de urânio, ao se dividir, pode liberar energia equivalente à que seria gerada por bilhões de gramas de gasolina. No entanto, essa energia deve ser manipulada com grande cuidado devido aos riscos associados à radioatividade e ao manejo de materiais nucleares.

Os urânio em sua forma metalúrgica é um sólido de cor cinza-áspero e é altamente reativo ao oxigênio e à umidade, o que o torna suscetível à corrosão. Essa reatividade nas condições certas possibilita reações que podem ser aproveitadas na criação de diversos compostos químicos, mas exige também um controle rigoroso em ambientes industriais. A classificação do urânio e suas interações não é apenas uma exploração acadêmica; suas implicações na segurança energética mundial são profundas. O uso cotidiano se dá principalmente em reatores nucleares, onde a fissão é controlada para produzir eletricidade, ao mesmo tempo que se busca equilibrar os imperativos da segurança e da eficácia econômica.

Ademais, a extração do urânio é um processo que requer vigilância não só para a obtenção do material mas também para minimizar o impacto ambiental. A mineração de urânio pode gerar rejeitos perigosos e contaminantes que são uma preocupação significativa. O desafio é encontrar métodos de extração que sejam sustentáveis e que não comprometam as próximas gerações.

Além disso, a pergunta sobre a utilização do urânio em aplicações globais nos leva a reflexões éticas. As energias nucleares prometem um futuro energético mais limpo e eficiente, mas a história de acidentes e contaminações promove discussões sobre a segurança e regulamentação. Aqui, apresentamos um exemplo icônico: o desastre de Chernobyl, que ficou gravado na consciência coletiva como um alerta sobre os riscos da energia nuclear.

Portanto, o urânio é um elemento de paradoxos — ao mesmo tempo ameaçador e promissor, esboçando certezas e inquietações. O entendimento das suas propriedades não serve apenas a comunidade científica, mas se torna uma responsabilidade compartilhada pela sociedade. Estudá-lo e compreender cada nuance nos habilita a navegar entre os benefícios da energia nuclear e as obrigações de vida preservadas em um planeta que clama (tanto) por soluções eficazes e seguras.

Assim, encerramos essa exploração sobre o urânio, um elemento que, embora distante da simplicidade do hidrogênio, exerce um impacto duradouro em nossa vida moderna. Com essa base sólida em suas propriedades e sua complexidade química, somos convidados a seguir a nossa jornada e a continuar a investigar não apenas o que o urânio pode nos oferecer, mas também a consciência que devemos ter ao utilizá-lo. Essa é uma nação que, ao final, demanda um compromisso com a ciência e a responsabilidade em qualquer caminho que escolhemos seguir.

A exploração das consequências do uso do hidrogênio e do urânio, dois elementos tão fundamentais quanto opostos, não pode ser feita sem considerar as nuances de seu impacto no meio ambiente e na sociedade. Ao refletirmos sobre o hidrogênio, percebemos que ele apresenta uma indispensável oportunidade de sustentabilidade. Enquanto se configura como uma solução energética promissora, a sua implementação requer um foco na eficiência e na responsabilidade ambiental.

Ao abordarmos o hidrogênio, é importante reconhecer as suas aplicações em combustíveis limpos. Seus benefícios se manifestam nas tecnologias de células de combustível, que têm se destacado como alternativas viáveis aos combustíveis fósseis, prometendo não apenas reduzir a poluição atmosférica, mas também contribuir para um futuro energético mais sustentável. Contudo, a produção de hidrogênio, em grande parte, ainda depende de combustíveis fósseis, levando à necessidade de uma transição para métodos mais limpos, como a eletrólise da água, onde a eletricidade renovável é utilizada.

Entretanto, a pergunta permanece: até quando viveremos apenas no discurso da sustentabilidade? O mundo científico e político deve se unir em prol de políticas que incentivem a produção de hidrogênio a partir de fontes renováveis, estabelecendo uma economia verde que não apenas proteja nosso planeta, mas também promova um novo paradigma de desenvolvimento energético.

Por outro lado, o urânio nos convida a um debate mais profundo sobre riscos e benefícios. A energia nuclear, embora considerada por alguns como uma alternativa eficiente à dependência de combustíveis fósseis, está carregada de desafios significativos. A mineração de urânio acarreta em consequências ambientais que frequentemente são negligenciadas. O esgotamento de recursos, a contaminação de águas subterrâneas e os resíduos gerados colocam em risco não apenas a biodiversidade, mas também as comunidades que vivem próximos a essas operações.

Nos deparamos, então, com um dilema ético e moral: como acessar uma fonte de energia potente sem deixar um legado de destruição? Os acidentes nucleares, tais como Chernobyl e Fukushima, destacam a urgência de um diálogo transparente sobre os riscos associados à energia nuclear e a importância de um monitoramento rigoroso em tudo que envolve sua utilização.

É vital que a sociedade, ao olhar para o urânio e suas aplicações, busque soluções inovadoras que reduzam não só o risco de acidentes, mas também melhorem as condições de vida de comunidades que dependem da mineração e do manejo desse elemento. Estruturas de segurança e o desenvolvimento de novas tecnologias de reatores, tais como os reatores de fissão rápida que prometem ser mais seguros e eficientes, merecem nossa atenção e investimento.

Assim, ao adentrarmos no vasto campo das implicações ambientais e sociais do hidrogênio e do urânio, somos chamados a um compromisso com a ética. Nossas escolhas podem não apenas moldar o presente, mas também abrir ou fechar portas para as futuras gerações. Ao ponderar sobre o uso de cada um desses elementos, devemos nos perguntar: que tipo de legado desejamos deixar? Para que lado inclinaremos a balança entre os riscos e benefícios?

O impacto do hidrogênio e do urânio, portanto, vai além do seu valor energético. Reside no poder que temos de direcionar essa energia para uma coexistência harmônica com nosso planeta e aqueles que nele habitam. Que este conhecimento nos inspire a construir um futuro que respeite não só a ciência, mas também a vida — em toda a sua complexidade e diversidade. A química, em sua essência, deve servir como um agente de transformação positiva, guiando-nos para um amanhã onde responsabilidade e inovação caminhem lado a lado, criando uma sociedade baseada em princípios éticos que respeitem o bem da coletividade e do nosso planeta.

Dando continuidade à nossa jornada pelo universo dos elementos químicos, é essencial refletir sobre os futuros possíveis e inovações que envolvem o hidrogênio e o urânio. Esses dois elementos, em seus próprios direitos, carregam promessas e desafios que podem moldar o cenário energético global na próxima década.

Iniciemos com o hidrogênio, que está emergindo como uma das soluções mais promissoras para a transição energética. Com a crescente consciência sobre as ameaças das mudanças climáticas, o hidrogênio verde — produzido através da eletrólise da água usando energia renovável — está ganhando destaque. A viabilidade de usinas de hidrogênio que utilizam energia solar ou eólica não só proporciona um meio de armazenar energia em épocas de baixa demanda, mas também a transforma em um combustível limpo e sustentável. É como se o hidrogênio estivesse sendo resgatado das sombras, doável em um futuro onde podemos abastecer nossos carros, aquecer nossos lares e até mesmo alimentar indústrias, tudo isso sem emitir carbono.

Olhando para inovações tecnológicas, destacam-se desenvolvimentos em células de combustível baseadas em hidrogênio. Estão sendo feitas pesquisas intensivas para aumentar a eficiência e a acessibilidade dessas tecnologias. Fábricas estão sendo construídas com o propósito específico de integrar combustíveis à base de hidrogênio em maior escala. Um futuro onde o hidrogênio é características da nossa infraestrutura pode não estar tão distante quanto parece.

No que diz respeito ao urânio, a conversa se torna ainda mais complexa. Apesar de sua potencialidade imensa como fonte de energia nuclear, o ressurgir do urânio na discussão sobre energia envolve considerações éticas e de segurança. A pesquisa sobre reatores de nova geração, como os reatores modulados e reatores de fissão rápida, está avançando. Essas tecnologias prometem não apenas produção de energia mais segura, mas também a capacidade de reutilizar resíduos nucleares — um passo crucial no manejo das consequências provavelmente desastrosas da energia nuclear convencional.

Mas o que dizer da fusão nuclear? Os avanços estão em um caminho revigorante. Com a fusão, a esperança é criar uma fonte de energia limpa e praticamente ilimitada. Ainda que os desafios técnicos sejam substanciais, as promessas são de um futuro onde o urânio não precisaria ser a única escolha de energia nuclear. A mentalidade de que cada descoberta científica deve ser conciliada com a ética deve prevalecer, pois o potencial destrutivo deve sempre ser cuidadosamente considerado e administrado.

Neste quadro, é imperativo que convido os leitores a se engajar ativamente nesse diálogo sobre energia. Como cidadãos do mundo, devemos questionar nossos padrões de consumo e nos tornar defensores da inovação responsável. As práticas de energia renovável e uso sustentável do hidrogênio devem ser priorizadas enquanto lidamos com as complexidades associadas ao urânio.

À medida que exploramos essas inovações, que possamos também refletir sobre as escolhas que fazemos em nosso cotidiano.

Como nutrimos o conhecimento sobre hidrogênio e urânio? Que decisões tomamos para apoiar fontes de energia que protejam nosso planeta? Que ações ousamos desenvolver para garantir que futuras gerações herdem não apenas tecnologia avançada, mas um mundo saudável?

A conclusão deste capítulo não é um ponto final, mas uma chamada à ação. O futuro está em nossas mãos, repleto de potencial e promessas. Seja por meio do hidrogênio ou pela energia nuclear, que possamos caminhar juntos em direção a soluções que incorporem sustentabilidade, responsabilidade e inovação. O destino energético do mundo pode estar em constante transformação, e somos nós, com nossos conhecimentos e esforços conjuntos, que podemos moldá-lo para melhor.

Capítulo 3: Metodologia de Ensino e Abordagem Prática

À medida que adentramos neste capítulo, ecos de experiências e aprendizados nos guiam, enquanto nos propomos a desbravar a rica intersecção entre teoria e prática no universo da química. O que se segue não é apenas uma exploração dos elementos fundamentais, mas um convite a refletir sobre como podemos integrar o conhecimento sobre hidrogênio e urânio em nossas vidas diárias. Aqui, a química não se apresenta como uma disciplina hermética, mas como um aliado na busca por compreensão e soluções sustentáveis para os desafios que nos cercam.

Objetivos de Aprendizado

Neste segmento, nosso primeiro objetivo é claro: queremos que você, leitor, compreenda profundamente como o hidrogênio e o urânio se manifestam em fenômenos naturais e em aplicações tecnológicas. Aspiramos a que, ao finalizar a leitura, você consiga identificar essas substâncias em seu cotidiano e nas inovações que moldam o futuro energético da humanidade.

Atividades Práticas

Para tornar esses conceitos mais tangíveis, sugerimos a execução de algumas atividades práticas. Uma das experiências é a eletrólise da água, um procedimento acessível que demonstra a decomposição da água em oxigênio e hidrogênio. Este experimento ensinará como o hidrogênio pode ser extraído e utilizado como fonte de energia, possuindo aplicabilidade imediata nas discussões pertinentes sobre sustentabilidade.

Outro experimento que podemos sugerir envolve a análise da reação do urânio em ambiente controlado. Para isso, enfatizamos a importância da segurança, pois o manuseio de qualquer material relacionado ao urânio deve ser feito com a devida precaução e supervisão adequada. Discussões podem ser abertas sobre como essa substância participa da produção de energia em nível mundial, bem como as implicações éticas que seu uso gera.

Recursos Complementares

Não podemos deixar de lado a importância dos recursos audiovisuais e materiais adicionais que podem enriquecer sua experiência. Recomendamos a busca por documentários e palestras disponíveis online que tratam da evolução energética mundial, focando nas tecnologias de célula de combustível e energia nucleares. Artigos e livros recomendados na formação sobre hidrogênio e urânio podem servir como uma base sólida para um aprendizado mais aprofundado.

Ao conectar teoria e prática, ao mesmo tempo que promovemos um ambiente de aprendizagem individualizado e crescente, esperamos que você comece a perceber a química como uma ferramenta vital. Assim, as informações se tornam não apenas letras em uma página, mas um impulso a ações que reforçam a sua capacidade de impactar positivamente o mundo ao seu redor. Por meio dessas atividades, debates e uma exploração sem fim da curiosidade, construiremos uma ponte sólida para um futuro mais limpo e consciente, onde hidrogênio e urânio possam coexistir em equilíbrio, moldando novas alternativas energéticas para todos.

Explorando as Propriedades e Aplicações do Urânio

O urânio, com seus complexos isótopos e densidade fascinante, merece uma atenção especial à medida que mergulhamos em suas propriedades e aplicações práticas. Com sua presença marcante, não só na tabela periódica, mas em debilitações éticas e energéticas, o urânio se apresenta como um elemento que desvela o legado de nossa exploração científica e suas consequências.

Nos deparamos com a necessidade de entender como o urânio tem sido utilizado na geração de energia. Nas usinas nucleares, o urânio enriquecido é o coração pulsante que liberta enormes quantidades de energia através da fissão nuclear. Esse processo é iniciado quando um núcleo de urânio bomba um nêutron, propiciando um colapso que quebra o núcleo e libera energia imensa. Imagine, por um momento, a sensação de que a energia que aquece nossas casas e impulsiona nossos veículos depende de um único elemento e de sua capacidade de armazenamento energético, algo extraordinário.

No entanto, essa energia vem acompanhada de custo. Como mencionamos anteriormente, o urânio é, por sua natureza, um material radioativo, e o manuseio inadequado pode levar a consequências devastadoras. Histórias de acidentes, como o de Chernobyl e Fukushima, não são meras memórias; são oscilações de uma realidade que ainda nos assombra. Elas nos recordam que o avanço tecnológico deve estar rodeado de um rigoroso controle e responsabilidade. Portanto, a discussão sobre urânio é permeada pela ética de sua utilização e pelas políticas que regulam sua exploração.

Dentre suas aplicações, além da geração de energia, o urânio também desempenha um papel fundamental em áreas como a medicina. Isótopos de urânio são utilizados em estudos radiológicos e terapias para o tratamento de doenças. Uma concessão vital que reafirma o quão interligadas estão nossas descobertas com o bem-estar humano. O potencial médico do urânio apresenta um caminho de esperança, permitindo que sua presença vá além de apenas energia e destruição.

Além disso, a pesquisa está relacionada ao urânio como uma fonte para novos métodos de produção de eletricidade. Os reatores de fissão rápida, que são concebidos para gerar mais urânio do que consomem, prometem um futuro em que o urânio não só se mantenha como fonte de energia, mas também potencial pano de fundo para discussões sobre conflitos energéticos e suprações. É uma dança cuidadosa entre demanda, ética e inovação que se revela essencial para garantir que o urânio continue a ser apresentado como um elemento que conjuga desafios e oportunidades.

À medida que continuamos nossa jornada, é imprescindível refletir sobre o impacto social que o urânio exerce. O conhecimento que acumulamos sobre suas propriedades não só deveria alimentar um diálogo sobre energias, mas também abrir espaço para discussões fundamentadas em segurança e, principalmente, na responsabilidade de nossa ação. Os desafios que enfrentamos na utilização deste elemento nos convidam a honrar e respeitar nosso recurso mais valioso: a vida, em todas as suas formas.

No próximo segmento, seguiremos para além do urânio e discutiremos a importância do hidrogênio como agente de transformação. Onde o urânio representa potência e complexidade, o hidrogênio nos brinda com a simplicidade e o potencial de renovação. Vamos, portanto, explorar como estes dois jogadores, embora distintos, podem coexistir e moldar o nosso futuro energético de maneira sustentável e ética. O conhecimento sobre suas interações será a chave para criarmos um amanhã mais consciente e responsável energicamente.

Vamos avançar com a continuidade do livro, mergulhando profundamente nas nuances que cercam o hidrogênio e o urânio.

Capítulo 3: Explorando as Aplicações Práticas do Hidrogênio e Urânio

À medida que revisitamos a essência do urânio, é impossível ignorar suas múltiplas facetas. Seu uso vai muito além da geração de energia em usinas nucleares; o urânio está presente em várias facetas da nossa vida moderna. Pensemos, por exemplo, em como ele tem sido utilizado nas tecnologias que moldam nosso mundo, desde a medicina até pesquisas avançadas em ciência de materiais. Ele é, por natureza, um elemento cheio de dualidades — poderoso e perigoso, útil e polêmico.

Aplicações do Urânio na Medicina

No campo médico, isotopos do urânio, como o urânio-235, oferecem potenciais inovações. A quimioterapia, por exemplo, tem utilizado isótopos radioativos para tratar diversos tipos de câncer. Ao atacar as células malignas, esses isótopos demonstram que a radioatividade não é apenas uma fonte de energia, mas também uma arma no combate a doenças. Contudo, enquanto beneficiamos das propriedades do urânio, é vital contemplar as implicações éticas e de saúde que traduzem o uso de taisagens radioativas.

Hidrogênio: A Nova Esperança Energética

Por outro lado, o hidrogênio desponta como o futuro brilhante que todos esperam. Enquanto o mundo se confronta com os desafios das mudanças climáticas, o potencial do hidrogênio como uma fonte de energia limpa ganha força. Imagine um mundo onde os carros não poluem o meio ambiente, uma realidade cada vez mais próxima devido ao estímulo do uso do hidrogênio nas células de combustível. Além disso, a conversão do hidrogênio em eletricidade está se tornando uma rotina na agenda de vários países. O hidrogênio verde, produzido a partir de eletricidade gerada por fontes renováveis, é a verdadeira estrela do espetáculo.

Esse desenvolvimento não apenas apresenta soluções inovadoras, mas também desponta um convite à reflexão. Estamos prontos para reinventar nossa compreensão sobre energia? A implementação do hidrogênio exige não apenas vontade política, mas um consciente esforço coletivo para transformar a infraestrutura energética global.

A Interseção: Hidrogênio e Urânio na Prática

Ambos os elementos, enquanto exploramos suas potencialidades, nos atrelam a um caminho de autoconhecimento. Os impactos de suas aplicações vão além de números e energia. As decisões que tomamos a respeito desses recursos energéticos refletem nosso compromisso com o futuro. O diálogo entre hidrogênio e urânio não deve ser encarado como uma rivalidade, mas como uma colaboração sinérgica. O equilíbrio entre fontes de energia renovável e métodos sustentáveis de utilização do urânio poderá ser o mapa que nos guia em direção a um futuro energético seguro e limpo.

Ao final, o desafio é nosso. Como podemos contribuir para esse futuro conforme nossas ações diárias? O conhecimento é apenas o primeiro passo — a verdadeira transformação se dá quando alinhamos nossas práticas com nossas intuições e princípios éticos. Assim, adentremos corajosamente nessa reflexão e olhemos para o horizonte energético que nos aguarda. A jornada está apenas começando.

À medida que continuamos a nossa viagem pelo intrigante universo do hidrogênio e do urânio, é imprescindível desbravar um tema de suma importância: as aplicações práticas que ambos os elementos têm na sociedade contemporânea. Neste segmento, exploraremos as implicações do hidrogênio como uma solução energética do futuro e os desafios associados ao uso do urânio, especialmente em relação à segurança e às práticas sustentáveis.

O hidrogênio, com sua leveza e reatividade excepcionais, emerge como uma promessa vibrante na luta contra as mudanças climáticas. À medida que os países se voltam para fontes de energia renováveis, o hidrogênio verde - produzido a partir de eletrólise da água, usando energia solar ou eólica - se destaca como uma solução viável e sustentável. Essa forma de hidrogênio não emite gases de efeito estufa durante a combustão, podendo ser armazenada e transportada, o que a torna uma alternativa atraente em um futuro próximo.

Para se ter uma ideia do impacto que o hidrogênio pode ter, imagine esta cena: uma frota de ônibus e carros movidos a hidrogênio circulando pelas ruas, com exaustores limpos e frescos, livres de poluição. É uma visão positiva que muitas nações buscam concretizar. Essa transição não apenas significa um ar mais limpo, mas também a diminuição das dependências de combustíveis fósseis, um passo crucial na construção de um mundo mais sustentável.

Entretanto, mesmo com essas promessas, a mudança não se dá facilmente. Como uma interação química delicada, o hidrogênio exige projetos de infraestrutura significativos e investimentos substanciais para garantir sua viabilidade em larga escala. É um convite à inovação — novas tecnologias precisam surgir, assim como a formação de parcerias entre governo, indústria e academia, para transformar potenciais promissores em realidades.

Enquanto isso, o urânio se apresenta como uma espada de dois gumes. Por um lado, sua capacidade de fornecer uma fonte densa de energia através da fissão nuclear é inegável; no entanto, os riscos associados não devem ser ignorados. Acidentes em usinas nucleares, como os de Chernobyl e Fukushima, permanecem na memória coletiva como notórios exemplos dos perigos que essa forma de energia pode representar. A questão central não é apenas como lidamos com o urânio, mas também como podemos garantir a segurança e a proteção das comunidades e do meio ambiente.

Além disso, o urânio encontra um lugar na medicina, onde isótopos são utilizados em tratamentos e diagnósticos, demonstrando sua versatilidade. Contudo, isso nos leva a refletir sobre as implicações éticas do uso de materiais radioativos. A responsabilidade em sua gestão, desde a extração até o descarte, é fundamental para garantir que não só o progresso científico aconteça, mas que ele seja equilibrado com uma preocupação genuína pelas vidas humanas e pelas gerações futuras.

Por isso, é essencial que continuemos a discussão sobre a utilização do hidrogênio e do urânio em nossas vidas e comunidades. Vamos nos envolver em diálogos que promovam a inovação responsável, e explorarmos como educar a sociedade sobre as várias facetas desses elementos. Independentemente do caminho que escolhermos para seguir, essencial é que ele seja orientado por um senso profundo de responsabilidade e ética, garantindo não apenas o nosso presente, mas também um legado significativo para quem virá depois de nós.

De coração aberto, avancemos em nossa jornada, dispostos a aprender e a agir com consciência, enquanto exploramos as terra incógnita que nos ensina sobre a complexidade da vida e do nosso futuro energético.

Capítulo 4: A Conexão entre Hidrogênio e Urânio: Desafios e Oportunidades para o Futuro Energético

A Interdependência Energética

Já parou para pensar sobre como o hidrogênio e o urânio, tão aparentemente distintos, dançam em um equilíbrio delicado na grande sinfonia da energia global? Neste bloco, exploramos essa interdependência que se revela cada vez mais crucial em um mundo que busca por fontes sustentáveis e eficientes de energia.

Imaginemos, por um instante, a interligação entre essas duas substâncias poderosas. O hidrogênio, como sabemos, é muitas vezes exaltado por suas promessas de um futuro mais sustentável, onde sua capacidade de energia limpa poderia iluminar nossas casas e mover nossos carros sem deixar pegadas de carbono. Enquanto isso, o urânio permanece como um gigante adormecido, oferecendo uma fonte densa de energia através da fissão nuclear, mas não sem suas controvérsias e riscos associados.

Neste contexto, a transição energética que muitas nações estão promovendo não implica necessariamente escolher um ou outro, mas sim encontrar um caminho em que o hidrogênio e o urânio possam coexistir de forma sinérgica. A verdade é que um sistema energético diversificado é fundamental para garantir resiliência, segurança e sustentabilidade nos tempos que se aproximam. Cada vez mais, vemos que a verdadeira força está na união de diferentes fontes de energia — sejam elas renováveis ou nucleares — que, quando integradas de maneira inteligente, podem formar um sistema energético robusto.

Um exemplo prático disso são as usinas nucleares, que, ao fornecer energia contínua e confiável, podem servir como a espinha dorsal da matriz elétrica, permitindo que o hidrogênio, gerado por meio de processos como a eletrólise, e utilizado para o armazenamento de energia, ganhe espaço. Assim, a relação entre hidrogênio e urânio se apresenta não como uma luta por supremacia, mas como um convite à cooperação mútua.

Além disso, essa convivência pode se revelar extremamente vantajosa para o meio ambiente. Ao aproveitarmos a energia nuclear para minimizar a dependência de combustíveis fósseis e, ao mesmo tempo, investirmos em novas tecnologias de captura de carbono, conseguimos trilhar caminhos que diminuem as emissões de gases de efeito estufa, garantindo um planeta mais limpo para as futuras gerações.

O futuro está nos detalhes, e é neste emaranhado de possibilidades que reside a oportunidade de desenharmos um novo mapa energético, onde o diálogo entre hidrogênio e urânio não só modificará nossos paradigmas energéticos, mas também nos conectará a uma visão mais ampla sobre o cuidado necessário com o nosso planeta. Nesta busca contínua por novas fronteiras, devemos estar prontos para aprender, adaptar-se e inovar, sempre com a responsabilidade de agir não apenas em benefício próprio, mas no propósito coletivo do qual fazemos parte.

À medida que avançamos, vamos aprofundar nossa conversa sobre os desafios éticos e ambientais que cercam a utilização dessas duas fontes de energia. Quais os dilemas que enfrentamos em nossa busca por um futuro energético mais promissor e seguro? Vamos juntos explorar essas questões, sempre com a mente aberta e o coração disposto a compreender a vastidão de possibilidades que nos aguardam à frente.

Desafios Éticos e Ambientais

À medida que nos aprofundamos nos intrincados desafios éticos e ambientais associados ao uso do hidrogênio e do urânio, somos confrontados com reflexões que reverberam na essência de nossas escolhas energéticas. Não se trata apenas do que essas substâncias podem oferecer, mas, essencialmente, do preço que pagamos por suas aplicações e como tomamos decisões que moldam o futuro do nosso planeta.

Em primeiro lugar, devemos contemplar a ética do uso do urânio. Este elemento, embora fonte potente de energia, carrega consigo a sombra dos riscos associados à sua extração e aos seus subprodutos. O manejo inadequado do urânio pode gerar consequências desastrosas, afetando não só aqueles que estão diretamente envolvidos em sua exploração, mas também as comunidades vizinhas e o meio ambiente como um todo. A má gestão dos resíduos nucleares, por exemplo, levanta preocupações alarmantes sobre segurança e saúde pública. Portanto, a questão da responsabilidade na utilização do urânio é uma discussão emergente que deve sempre ser promovida.

    Por outro lado, precisamos analisar a produção de hidrogênio, que embora represente uma alternativa energicamente limpa, não é isenta de impactos ambientais. O processo de eletrólise, por exemplo, exige energia elétrica que, muitas vezes, provém de combustíveis fósseis. O que inicialmente parece uma solução ideal pode, em situações específicas, intensificar problemas ambientais, mascarando a complexidade dessa transição energética. Urge a necessidade de uma abordagem estratégica e ética nessa produção, visando sempre minimizar o cálculo ambiental a curto e longo prazo.

    A legislação e as regulamentações existentes tornam-se componentes cruciais desse debate. Os governos têm o dever de assegurar práticas que acompanhem a evolução das tecnologias energéticas, estabelecendo normativas rigorosas que promovam tanto a segurança quanto a sustentabilidade. Políticas que incentivem pesquisa e inovação enquanto regulamentam devidamente o setor energético criam um ambiente onde tanto o hidrogênio quanto o urânio podem ser explorados de forma ética e segura.

O diálogo entre cientistas, políticos, e a sociedade também deve ser amplificado. As preocupações éticas e ambientais não devem ser exercidas em silos, mas sim conversadas de forma ampla e inclusiva. A educação da população sobre os potenciais e os desafios inerentes a essas fontes energéticas é fundamental. Somente com uma população bem informada podemos cultivar um espaço social que defenda princípios éticos em energia e meio ambiente.

Assim, ao ponderar sobre a interseção entre nossas escolhas energéticas e suas correspondentes consequências, devemos fazer isso não apenas com um olhar pragmático, mas com responsabilidade. O futuro do hidrogênio e do urânio como fontes energéticas não deve ser visto apenas através do prisma da eficiência e viabilidade. É um convite a cultivar um ethos que valorizamos a vida e o meio ambiente em cada passo de nossas escolhas energéticas. Se esperarmos transformar essa visão em realidade, liderando discussões sábias e informadas, talvez possamos descobrir um caminho sustentável que guie a humanidade rumo a um futuro energético equilibrado e ético.

Enquanto seguimos, que possamos tomar essa reflexão não como uma responsabilidade isolada, mas como um compromisso coletivo que vislumbra um mundo onde a energia e a ética caminham lado a lado, moldando não apenas a forma como vivemos, mas também a sociedade que deixaremos para as futuras gerações.

Inovação Tecnológica e Futuras Possibilidades

À medida que navegamos pela interseção entre hidrogênio e urânio, é crucial destacar o papel das inovações tecnológicas que permitem a utilização segura e eficiente desses dois elementos. O panorama energético mundial está em constante evolução, impulsionado pelo avanço das tecnologias e pela busca por alternativas sustentáveis. A conexão entre hidrogênio e urânio não é apenas uma questão de coexistência, mas também de colaboração estratégica em um futuro energético mais limpo.

No que diz respeito ao hidrogênio, os desenvolvimentos nas células de combustível vêm se destacando como uma das inovações mais empolgantes. Este dispositivo converte o hidrogênio em eletricidade de maneira eficiente, emitindo apenas vapor de água como subproduto. Essa característica torna as células de combustível uma solução promissora para o transporte e o armazenamento de energia, especialmente em uma era onde a redução da pegada de carbono é primordial. Imagine veículos movidos a hidrogênio circulando pelas cidades, oferecendo uma alternativa limpa e silenciosa aos carros tradicionais. Essa visão está se concretizando gradualmente, com fabricantes investindo fortemente em pesquisa e desenvolvimento para tornar essa tecnologia mais acessível e viável.

A pesquisa sobre o hidrogênio verde, produzido por meio de eletrólise da água utilizando energia renovável, também está ganhando força. Este processo permite que o hidrogênio seja gerado sem emissões diretas de gases de efeito estufa, alinhando-se perfeitamente aos objetivos ambientais globais. A possibilidade de utilizar energias eólicas e solares para liberar hidrogênio é um passo grandioso na direção de um futuro sustentável.

Simultaneamente, o urânio não deve ser analisado apenas sob a luz de suas controvérsias. O avanço na tecnologia nuclear está abrindo novas possibilidades, incluindo reatores modernos que incorporam práticas de segurança mais rigorosas e são projetados para operar de maneira eficiente e sustentável. Os reatores de fissão rápida, por exemplo, prometem aumentar a eficiência no uso do urânio e até gerar mais combustível do que consomem, desafiando a noção de que a energia nuclear é uma opção descartada em busca por fontes renováveis.

A fusão nuclear, embora ainda esteja mais no campo da pesquisa, é outra área que merece atenção. Com potencial para oferecer uma fonte de energia praticamente ilimitada sem os riscos associados à fissão nuclear, o desenvolvimento de tecnologias de fusão poderia transformar radicalmente nossa matriz energética, financiando uma revolução global nas fontes de energia.

É essencial apontar que as inovações não se limitam meramente à criação de novas tecnologias. O futuro energético depende também do envolvimento público e da conscientização sobre os benefícios e desafios apresentados por essas fontes. O papel da educação, ao desmistificar a ciência por trás do hidrogênio e do urânio, e incentivar discussões saudáveis sobre suas aplicações, deve ser um dos focos centrais. Somente através de um diálogo fluido que abranja todas as vozes — comunidades, governos e setores industriais — poderemos encontrar uma abordagem equilibrada que respeite tanto as necessidades energéticas da sociedade quanto as preocupações ambientais.

Assim, ao olharmos para o horizonte, somos convidados a pensar de maneira audaciosa sobre os futuros possíveis, onde a cooperação entre hidrogênio e urânio possa não apenas atender nossas demandas energéticas, mas também garantir um legado sustentável para as próximas gerações. Que esta análise nos inspire a vislumbrar um mundo onde a ciência e a inovação caminhem lado a lado, promovendo soluções criativas para os desafios que a humanidade enfrenta. O futuro energético é um campo fértil para imaginarmos novos caminhos que possam nos levar a uma era magnífica de descobertas e realizações.

A importância da educação e da conscientização pública em relação ao hidrogênio e ao urânio não pode ser subestimada. À medida que nos aprofundamos nas complexidades dessas duas fontes de energia, torna-se evidente que, para que a mudança real ocorra, cada cidadão deve ser equipado com o conhecimento e as ferramentas necessárias para participar dessa conversa.

A educação, nesse contexto, não se limita a transmitir informações. Ela deve promover uma compreensão profunda das implicações do uso do hidrogênio e urânio. É fundamental que escolas e universidades integrem esses tópicos em seus currículos, estimulando discussões sobre energias renováveis e nucleares, suas capacidades, benefícios e riscos. Pensar criticamente sobre esses assuntos permitirá que as novas gerações se tornem não apenas informadas, mas também ativas na busca por soluções energéticas sustentáveis.

Além disso, a criação de plataformas de diálogo público, onde especialistas e o público em geral possam interagir, se mostra cada vez mais relevante. Fóruns comunitários, seminários e workshops podem servir como espaços para esclarecer dúvidas, discutir preocupações e introduzir inovações. É aqui que o envolvimento da sociedade se torna crucial. Quando os cidadãos participam ativamente do debate, eles se sentem empoderados a exigir mudanças e a contribuir com ideias que podem transformar nossas operações energéticas.

A conscientização também se estende ao consumo. Cada vez que um indivíduo opta por uma fonte de energia limpa ou participa de iniciativas sustentáveis, está exercitando seu papel como agente de mudança. Pequenas ações, como a redução do uso de plásticos ou a escolha de transporte menos poluente, têm um impacto cumulativo quando a comunidade se junta em torno de uma causa comum. Portanto, incentivar a população a adotar hábitos ambientalmente conscientes é uma das chaves para um futuro energético sustentável.

Devemos lembrar que o conhecimento não é apenas um privilégio; ele é um direito fundamental a ser compartilhado. A transparência nas discussões sobre as práticas do hidrogênio e do urânio contribuirá significativamente para desenvolver confiança pública nas tecnologias que escolheremos adotar. Incentivar essa divulgação, compartilhando não apenas dados, mas histórias e experiências de comunidades que foram afetadas pelo uso do urânio, por exemplo, é essencial para humanizar esses tópicos, tornando-os mais acessíveis e compreensíveis.

Ao refletirmos sobre esses pontos, fica claro que podemos e devemos moldar o futuro energético, mas isso só será possível por meio da educação e da colaboração. À medida que avançamos para fechar este capítulo, que essa reflexão nos inspire a todos a nos tornarmos, não apenas consumidores, mas cidadãos informados, dispostos a entrar em ação e efetivar mudanças significativas.

No próximo capítulo, iremos explorar em maior profundidade como as inovações tecnológicas moldam a interação entre essas duas fontes críticas de energia. Como podemos aproveitar novos desenvolvimentos para garantir um futuro mais seguro e sustentável para o nosso planeta? Prepare-se para navegar pelas promessas e desafios que o futuro nos reserva, enquanto continuamos a descobrir as magníficas possibilidades que o hidrogênio e o urânio têm a oferecer.

Capítulo 5: A Revolução Energética e o Futuro Sustentável

A Revolução Energética em Curso

Vivemos em um momento crucial da história, onde a transição energética se destaca como uma das iniciativas mais importantes para a sustentabilidade do nosso planeta. A urgência em mudar nossos modos de produção e consumo de energia é impulsionada por uma multitude de fatores, sendo as mudanças climáticas um dos mais prementes. Já imaginou como um simples devedor da natureza pode tornar-se um verdadeiro guardião do nosso lar? Essa é, em essência, a metamorfose que o mundo energético está buscando.

A transformação não é apenas uma tendência; é uma necessidade. Os dados globais nos mostram a crescente exploração de fontes renováveis, e o surgimento do hidrogênio como um vetor de energia promissor. A cada dia, inovações trazem novas esperanças, remodelando o segmento energético. No entanto, é essencial que olhemos atentamente para a realidade. No vasto leque de possibilidades, a interseção entre fontes nucleares — que incluem o urânio — e energias limpas passa a ganhar novas contornos de importância.

No cerne dessa revolução está a descarbonização, uma palavra carregada de significado e impacto. As necessárias mudanças na matriz energética não são apenas passos técnicos; representam uma reestruturação social. Quando falamos de descentralização, estamos nos referindo a um empoderamento das comunidades a tomarem as rédeas de sua produção de energia, sobrepondo-se ao modelo excessivamente concentrado que predominou no passado. É o momento de reabilitar a soberania energética, conferindo a cada cidadão um papel ativo na construção de um futuro mais sustentável.

As energias renováveis, como a solar e a eólica, estão no epicentro dessa transformação. Elas não estão sozinhas; elas dançam em harmonia com o hidrogênio, cujas potencialidades vão além do que muitos imaginam. Através da eletrólise, podemos conectar direta e eficientes os ventos e os supersóis do nosso planeta a uma rede de energia limpa, que pode ser armazenada e utilizada conforme a necessidade. Mas, igualmente, não podemos esquecer da robustez da energia nuclear, com suas vantagens em termos de produção contínua, que complementa de maneira notável a ação das energias renováveis.

Assim, enquanto mergulhamos fundo nas tendências atuais do setor de energia, ficamos intrigados com a fusão da tecnicidade com a viabilidade econômica. A energia do hidrogênio, ao ser utilizada em conjunto com usinas nucleares, forma um remanescente de esperança em um mundo dentro da explosão de novos paradigmas de respeito ao meio ambiente. Estamos em um ponto onde cada passo em direção à inovação carrega consigo a responsabilidade de não deixar para trás as populações vulneráveis, que frequentemente ficam à mercê das flutuações do mercado.

Esses avanços tecnológicos e éticos nos guiam para um futuro no qual não apenas a infraestrutura será repensada, mas também o nosso conceito de progresso. Estamos desenhando uma nova narrativa, e a revolução energética não é um mero capricho; é um compromisso com a vida, a saúde do nosso planeta e a dignidade de cada indivíduo que habita nesta Terra esplendorosa. Nessa jornada, é essencial que cada um de nós tome parte ativa, não apenas como observadores, mas como arquétipos da mudança.

À medida que avançamos neste capítulo, vamos explorar as soluções híbridas que já nascem das interações entre hidrogênio e urânio, e como essas soluções podem contribuir para um futuro sustentável, quando as ideias se transformam em ações e os sonhos são moldados pela realidade. Como aguardamos para ver o desenvolvimento das inovações que nos esperam no horizonte, devemos manter um olhar atento às possibilidades e escolher o caminho que nos leva rumo a um amanhã mais luminoso e verdejante.

Hibridização Energética

Em tempos de transformação energética, a hibridização se destaca como uma abordagem inovadora que permite combinar diversas fontes de energia para maximizar a eficiência, a sustentabilidade e a segurança no fornecimento energético. O casamento entre o hidrogênio e o urânio se revela uma solução intrigante que pode alterar as dinâmicas atuais das matrizes energéticas, proporcionando uma sinergia capaz de enfrentar os desafios do futuro.

Debruçando-se sobre a interseção entre esses dois veios energéticos, encontramos exemplos concretos de como a hibridização já começa a dar frutos ao redor do mundo. Na Alemanha, por exemplo, projetos que integram sistemas de energia solar e hidrogênio em usinas de energia nuclear têm demonstrado como é possível armazenar energia dessa forma, utilizando a eletricidade gerada para produzir hidrogênio que, mais tarde, pode ser utilizado em veículos ou conversores de energia. Essa prática não só garante uma fonte de energia contínua durante períodos de baixa geração solar, mas também contribui para a descarbonização da mobilidade urbana.

Além disso, temos o caso do Japão, que após a crise nuclear de Fukushima, vem explorando a hibridização entre usinas nucleares e hidrogênio como parte de sua estratégia de recuperação. Não obstante as feridas que o incidente deixou, o país se propôs a diversificar sua matriz energética, utilizando o hidrogênio como um meio de superar os desafios gerados pela produção de energia nuclear. Nesse contexto, a hibridização emerge não apenas como resposta às necessidades energéticas, mas como um ativo social que preza pela segurança e sustentabilidade.

Outro aspecto crucial da hibridização é a estabilidade da rede elétrica. Ambientes energéticos integrados que incluem hidrogênio, urânio, e outras fontes renováveis podem garantir maior resiliência na oferta de energia, mitigando as consequências das flutuações naturais da demanda. Ao armazenar energia em forma de hidrogênio, podemos equilibrar a produção ao consumo, aproveitando a robustez proveniente da energia nuclear para suavizar os picos de utilização.

A questão da segurança também não pode ser subestimada. Integrando o hidrogênio e o urânio, podemos desenvolver soluções que mantenham os níveis de segurança elevados, reduzindo o risco de interrupções inesperadas na capacidade de fornecimento de energia. Esses sistemas híbridos não apenas protegem as infraestruturas, mas também promovem a eficiência na resposta a emergências.

Entretanto, é vital que essa trajetória de hibridização não ocorra a qualquer custo. A ética no uso e na combinação de energias deve sempre guiar as iniciativas. Comunidades locais afetadas por projetos de energia nuclear devem ser ouvidas, e a questão do manejo de resíduos deve ser tratada com seriedade. O uso consciente e responsável do urânio deve coexistir harmoniosamente com os avanços nas tecnologias do hidrogênio, evitando que benefícios energéticos se tornem fardos insustentáveis.

Num futuro que promete ser cada vez mais sustentável, a integração do hidrogênio e do urânio pave a via para modelos energéticos mais limpos, robustos e justos. Essa hibridização se apresenta não como um destino final, mas como uma etapa essencial na busca por um equilíbrio entre as necessidades do presente e as preocupações com o futuro. Ao trabalharmos juntos na construção de um sistema que desenvolva essas potencialidades, estamos não apenas respondendo aos desafios energéticos do nosso tempo, mas também plantando as sementes para um futuro mais iluminado e harmonioso.

À medida que nos aprofundamos em desafios e dilemas éticos que surgem nessa revolução energética, me convido a refletir sobre o papel de cada um de nós nesse processo de transformação. Como poderemos influenciar a mudança e garantir que a hibridização energética seja orientada por valores que respeitem tanto o meio ambiente quanto a sociedade? Que possamos todos ser agentes dessa evolução, promovendo uma energia que realmente ilumina o caminho coletivo.

A Revolução Energética está em pleno andamento e, aos poucos, revelando seus desafios e dilemas éticos que não podem ser ignorados. Ao mergulharmos nessa nova era, somos confrontados pela interrogação: quem realmente se beneficia de nossas escolhas energéticas? Perguntas sobre justiça social e responsabilidade tornam-se centrais à medida que buscamos um futuro sustentável.

Em primeiro lugar, é imprescindível refletir sobre a justiça social na implementação das tecnologias energéticas. A transição energética, frequentemente impulsionada por inovações sofisticadas, nem sempre considera as vozes e necessidades das comunidades afetadas. Essas comunidades, muitas vezes em situações de vulnerabilidade, precisam estar no cerne das discussões sobre novos projetos de hidrogênio e urânio. Como garantir que essas populações beneficiem-se das promessas de uma nova matriz energética? A resposta não é simples, mas envolve políticas inclusivas que permitam a participação ativa e a escuta atenta de seus anseios e demandas.

Além disso, enfrentamos o dilema da regulamentação governamental. As políticas públicas devem ser uma lâmpada guia, mas, com frequência, observamos que os interesses corporativos distorcem essa luz, dirigindo-a para uma direção que privilegia lucros em detrimento do bem-estar social e ambiental. A ética na formulação de políticas de energia deve ser fortalecida, garantindo que os incentivos governamentais proporcionem retornos não apenas financeiros, mas sociais. Como podemos educar a sociedade para questionar e exigir práticas mais justas em relação ao uso de recursos energéticos? Essa urgência precisa ser pano de fundo nas discussões.

O papel da conscientização pública também não pode ser subestimado. O aumento do conhecimento em relação aos impactos da utilização do hidrogênio e urânio nas comunidades é fundamental para que decisões informadas sejam tomadas. A educação é um pilar central nesse processo; as escolas e universidades devem assumir a responsabilidade de preparar gerações não apenas para entender a ciência, mas também para discutir as implicações sociais e éticas da energia. Quando a sociedade de forma ampla se torna consciente sobre as consequências de nossos atos, a pressão sobre os legisladores aumenta, forçando-os a adotar práticas que conversem com uma real sustentabilidade.

Por fim, somos chamados a construir um futuro em que as escolhas energéticas sejam reflexões de uma responsabilidade coletiva. Cada um de nós, como cidadãos, necessita entender que nossas decisões — desde o que consumimos até as políticas que apoiamos — moldam não apenas as energias que utilizamos, mas também as vidas de milhares ao nosso redor. Precisamos abraçar a ideia de que a caminhada rumo a um mundo mais justo e equilibrado não é feita só de grandes saltos tecnológicos, mas de cada pequena atitude que, somada, pode transformar nossa realidade.

Concluímos esse capítulo refletindo sobre a vital importância de que o avanço em direção a um futuro energético sustentável esteja alinhado com um compromisso ético e social. Definitivamente, a revolução energética não está apenas em nossas mãos, mas nos corações e mentes de todos que desejam um mundo melhor, onde cada escolha feita ecoa a justiça e a harmonia que buscamos. Que possamos, juntos, trilhar esse caminho com sabedoria e compaixão, preparando o terreno para um futuro mais sustentável e equitativo.

Neste futuro em que nos encontramos, a inovação não se limita apenas à tecnologia, mas se estende às novas formas de pensar e interagir com as fontes de energia que dominam nossa sociedade. Ao abordar a hibridização entre hidrogênio e urânio, surgem perspectivas que vão além dos benefícios imediatos. Estamos falando de um ciclo contínuo de aprendizado e adaptação que pode definir a qualidade de vida das futuras gerações.

É a uma combinação inteligente entre hibridização e inovação que devemos olhar. No horizonte, vislumbramos sistemas que não apenas garantem um fornecimento energético robusto, mas que também respeitam e integram a complexidade social e ambiental em suas operações. Imagine um cenário em que comunidades se unem para implementar soluções de energia que utilizam a força do hidrogênio gerado a partir de fontes renováveis e são alimentadas por reatores nucleares de nova geração, que, por sua vez, já são projetados para minimizar a geração de resíduos e maximizar a eficiência.

Nesse contexto, as cidades se transformariam em modelos de sustentabilidade, capazes de gerar sua própria energia de forma circular. As edificações, equipadas com painéis solares e sistemas de armazenamento em hidrogênio, se tornariam autossuficientes. O transporte também receberia a benéfica influência dessa revolução energética, com veículos movidos a células de combustível a hidrogênio rodando nos centros urbanos, proporcionando uma mobilidade mais limpa e eficiente.

A visão do futuro não está enraizada em fantasias; ela toma forma a cada dia que passa. Já temos exemplos, como os projetos de energia híbrida que emergem em várias partes do mundo. Cidades como decorrência de iniciativas que integram a energia solar e a geração de hidrogênio, criando um ciclo virtuoso que beneficia não apenas a economia local, mas também a saúde ambiental e social das comunidades. Nesses ambientes, a educação e a conscientização desempenham um papel fundamental; ao informar os cidadãos sobre as possibilidades do hidrogênio e do urânio, as comunidades se tornam agentes ativos em sua própria revolução energética.

A interligação com tecnologias emergentes, como a inteligência artificial, oferece uma camada adicional de potencial. Algoritmos que otimizam a distribuição de energia e predizem a demanda com precisão, permitindo que as usinas nucleares e sistemas de hidrogênio operem em um nível de eficiência sem precedentes. Assim, somos levados a questionar a forma como energia é produzida e consumida, de modo a abrir espaço para um questionamento mais profundo — até que ponto estamos prontos para adaptar nossos estilos de vida e modos de operação em busca de um futuro mais verde e colaborativo?

Entretanto, não devemos nos deixar levar pela euforia, pois a responsabilidade permanece em nós. Ao colocar em prática essas novas ideias e tecnologias, é essencial que adotemos uma postura crítica e ética. Devemos sempre questionar como essas mudanças afetam todos e buscar a equidade social nas transições. As vozes das comunidades marginalizadas precisam ser não apenas ouvidas, mas ativamente incluídas nos diálogos sobre projetos energéticos locais.

Assim, enquanto olhamos em direção à intersecção vibrante do hidrogênio e do urânio, devemosNão esquecer que a verdadeira revolução energética é, antes de tudo, um compromisso com a inclusão, a ética e a sustentabilidade. O futuro que se vislumbra é o que juntos decidirmos construir, e que a inovação nos sirva como ferramenta de transformação, sempre alinhada a valores que preservem a vida e respeitem nosso planeta.

À medida que avançamos nesta jornada corajosa rumo ao novo, que permaneçamos sempre abertos às possibilidades, preparados para incorporar as lições que a experiência nos traz, e determinados a escrever um futuro energético que seja não apenas eficiente, mas humano e pleno. Assim, o casamento entre o hidrogênio e o urânio poderá, de fato, ser celebrado, não apenas como uma união de fontes de energia, mas como um passo audacioso em direção à harmonia entre atividade humana e natureza.

Capítulo 6: Caminhos para a Sustentabilidade Energética

A Necessidade de Inovação na Sustentabilidade Energética

No atual cenário mundial, onde as crises ambientais se intensificam e as comunidades clamam por soluções eficazes, fica clara uma necessidade inadiável: a inovação. Esta não é apenas uma palavra da moda, mas a espinha dorsal que sustentará a construção de um futuro sustentável e resiliente. A verdadeira inovação na energia deve não apenas atender às demandas da sociedade, mas também contemplar a complexidade ambiental que enfrentamos.

Olhemos para o passado. Quando o petróleo emergiu como a principal fonte de energia no século XX, o mundo vivia em um estado de crença firme na infinidade de seus recursos. Todavia, essa estabilidade não durou; cada dia que passa, aprendemos que a obsessão por fontes não-renováveis traz consequências devastadoras. O colapso gradual de conceitos obsoletos nos lembra que, sem questionar e reimaginar, permaneceremos presos à repetição de erros históricos.

Vemos, hoje, a evolução das tecnologias, que não se limita apenas à adoção de novas fontes de energia. Da eletricidade gerada pelos raios do sol e do poder dos ventos aos reatores nucleares que prometem uma maior eficiência, inovações estão moldando nosso presente e, indiscutivelmente, nosso futuro. Contudo, com essas inovações chegam também desafios. É preciso cavar fundo e compreender as limitações que as tecnologias tradicionais nos impuseram, como a dependência de sistemas centralizados que excluem vozes comunitárias essenciais no diálogo energético.

É intrigante refletir sobre como tecnologias emergentes como o hidrogênio se tornam cada vez mais relevantes. Seu potencial para servir como uma camada de reflexão entre as distintas matrizes energéticas é imenso. O hidrogênio não é simplesmente um vetor; ele é uma promessa de um novo caminho. Porém, à medida que avançamos, não podemos ignorar os perigos do otimismo desenfreado. Devemos ser realistas sobre os objetivos e vantagens de cada solução.

A transição para um modelo de energia sustentável requer também revisões éticas. A igualdade social não é um mero detalhe; deve estar no centro das decisões energéticas. Perguntemo-nos: quem realmente se beneficia destas novas inovações? A justiça social na sustentabilidade energética se impõe como uma necessidade, e não uma escolha. Portanto, à medida que novas tecnologias avançam, levemos em consideração as vozes de todos os afetados, especialmente daqueles em posição de vulnerabilidade.

Vemos que a inclusão é tal chave na construção de um sistema energético melhor que um não pode ser desprezado por conveniências momentâneas, mas sim venerado e promovido como um passo vital para o nosso futuro coletivo. As soluções inovadoras que buscam resiliência não devem ser apenas mecanismos de eficiência, mas também cerceadores de equidade e crescimento humano.

À medida que seguimos adiante neste capítulo, buscaremos decifrar essa complexidade através da exploração de tecnologias emergentes. Discutiremos, cada vez mais, como a hibridização de fontes como o hidrogênio, quando usada corretamente, cria pontes entre os ideais de inovação e as necessidades sociais, reafirmando que o futuro sustentável não é apenas possível, mas necessário e alcançável. Portanto, prepare-se para uma jornada esclarecedora pelos desconcertantes caminhos da energia e inovação que moldarão nossa próxima era.

Que possamos caminhar juntos, com o olhar firme em um futuro onde a energia se torna não apenas uma fonte de poder, mas um catalisador de transformação justa e sustentável. Que as lições do passado nos guiem e inspirem a inovação que todos nós precisamos e merecemos.

As tecnologias emergentes continuam a moldar o futuro da sustentabilidade energética, o hidrogênio surge como uma das grandes promessas. Sua versatilidade e potencial como vetor de energia têm atraído investimentos e inovações que podem transformar a maneira como geramos, armazenamos e utilizamos energia. Contudo, é preciso entender que a verdadeira eficiência não se limita à sua aplicação isolada, mas se revela na maneira como ele é integrado a outras fontes de energia, especialmente as renováveis.

Quando falamos do hidrogênio, não estamos tratando apenas de um gás que pode ser utilizado em células de combustível ou na indústria. Vejo-o como um verdadeiro camaleão energético capaz de adaptar-se às diversas demandas que surgem em nossa sociedade moderna. Existem diferentes métodos de produção, sendo a eletrólise a mais ambicionada, onde água é separada em hidrogênio e oxigênio utilizando eletricidade — e se essa eletricidade é gerada por fontes renováveis, temos um ciclo limpo e sustentável.

Imaginemos um cenário em que usinas solares e eólicas não apenas produzem energia elétrica, mas também geram hidrogênio em períodos de superprodução. Essa estratégia não apenas otimiza o uso dos recursos naturais, mas também armazena energia para períodos em que a demanda é maior, garantindo uma oferta flexível e constante. O que isso significa para a sociedade? Significa segurança energética. Quando podemos armazenar energia de forma eficaz, reduzimos nossa dependência das fontes fósseis e fortalecemos a resiliência de nossas economias.

Da mesma forma, a energia nuclear deve ser considerada nesse contexto. À medida que nos afastamos da rota dos combustíveis fósseis, reatores nucleares de nova geração se apresentam como uma opção viável devido à sua capacidade de produzir energia de forma contínua e com baixas emissões de carbono. A hibridização entre energia nuclear e hidrogênio pode criar um sistema robusto de fornecimento energético onde um pode compensar as limitações do outro. Assim, enquanto a energia nuclear fornece energia em constante fluxo, o hidrogênio pode ser a forma de armazenar essa energia em escala, servindo como um recurso que se adapta às oscilações da oferta e demanda.

No entanto, o sucesso dessa transição exige que as tecnologias sejam implementadas de maneira ética. Devemos garantir que comunidades locais que possam ser afetadas por projetos energéticos estejam incluídas na conversa. É vital que as preocupações sobre a segurança, decorrentes da energia nuclear e do armazenamento de hidrogênio, sejam abordadas com transparência e responsabilidade.

Além disso, ao promovê-las, precisamos formar um consenso social sobre os benefícios que essas inovações trarão. Ao aumentar a conscientização e a educação sobre o hidrogênio e suas aplicações, podemos cultivar uma aceitação mais ampla, tornando mais fácil para as populações entenderem que estamos não apenas transformando a maneira que consumimos energia, mas também caminhando para uma realidade onde a equidade e a sustentabilidade são prioridade.

Então, à medida que nos aprofundamos nos exemplos concretos de projetos que incorporam essa sinergia, começamos a ver as sementes da real transformação. O Japão, por exemplo, não está apenas investindo em tecnologias de hidrogênio; o país está explorando como integrá-las com sua infraestrutura nuclear para oferecer uma base energética mais estável e menos poluente.

O futuro da energia não é apenas um campo de batalha para inovações tecnológicas; é um campo fértil para construção social. Portanto, à medida que exploramos as oportunidades oferecidas pelo hidrogênio e pela energia nuclear, devemos ter certeza de que nossos avanços estão sendo realizados com um sentido de comunidade e responsabilidade.

Esta é a conversa que devemos ter. Um chamado à inovação consciente, onde o futuro energético se torna um reflexo dos valores que desejamos promover em nossa sociedade. Devemos continuar a procurar essas soluções híbridas que não apenas atendem às necessidades energéticas, mas que respeitam e incluem a voz de todos os envolvidos, garantindo um futuro sustentável e justo para todos.

A transição energética demanda, antes de tudo, uma abordagem que alie inovação e ética. Precisamos discutir a justiça social e a inclusão, elementos imprescindíveis para o sucesso desta transformação. Ao analisarmos a aplicação de novas tecnologias, devemos estar atentos às comunidades vulneráveis que frequentemente ficam à margem das decisões sobre o futuro energético. Como podemos garantir que essas vozes se façam ouvir?

Um início fundamental é a educação. O empoderamento das comunidades começa pelo conhecimento. Como podemos formar cidadãos informados sobre os avanços tecnológicos, especialmente no que diz respeito ao hidrogênio e à energia nuclear? É essencial incentivar a conscientização desde as escolas até as universidades, validando que cada indivíduo tem um papel crucial na construção de um futuro sustentável. Se o conhecimento é poder, então a educação se torna a chave para emancipar essas vozes que clamam por justiça.

Ainda que a tecnologia seja um motor de mudança, a verdadeira transformação virá da integração de esforços entre setores, comunidades e governantes. A governança é um pilar nesse processo: é imprescindível que as políticas públicas promovam ações que não apenas considerem o que é energeticamente viável, mas que atuem em harmonização com o preço da equidade social. Nunca esquecer que o futuro da energia não deve ser um assento elitista, mas um espaço democrático, onde todos têm direito a uma fatia da transição.

Precisamos nos perguntar sobre o modelo que estamos construindo. Ao invés de desconsiderar as preocupações éticas em prol do avanço tecnológico, devemos entrelaçá-las. O que as tecnologias do futuro nos oferecem para que possamos conquistar uma sociedade mais justa? Que práticas sustentáveis são realmente sustentáveis se não incluem todos os interesses? As discussões sobre quem detém o controle das operações energéticas devem abarcar também a população, especialmente aqueles que vivem nas regiões diretamente impactadas por projetos de hidrogênio e energia nuclear.

Se temos ciência de que podemos aprender com os erros do passado, é nossa responsabilidade garantir que o progresso não aconteça à custa da exclusão. O caminho para um modelo energético inclusivo será trilhado quando tivermos a coragem de questionar as estruturas estabelecidas, abrindo espaço para diálogos e ações que realmente atendam às necessidades da sociedade.

Concluímos esta seção com um chamado à reflexão: como podemos, juntos, promover uma transição energética que preze pela justiça social e ética? A revolução energética é uma jornada coletiva onde todos são convidados a participar, não apenas como espectadores, mas como agentes transformadores. Que possamos cultivar um futuro onde as escolhas se reflitam em melhorias não apenas na produção de energia, mas na vida de todos aqueles que dependem dela.

O futuro da energia resplandece diante de nós como uma jornada repleta de promessas e possibilidades. Neste traçado de esperança, é vital reconhecer que a verdadeira transformação da matriz energética não será alcançada apenas por meio de inovações tecnológicas, mas por uma colaboração global genuína. Quando falamos em colaboração, falamos não só de países interagindo no palco internacional, mas, principalmente, de comunidades, organizações e indivíduos unindo forças em prol de uma causa comum: a sustentabilidade.

Em qualquer canto do mundo, desde as zonas urbanas até as rurais, encontramos iniciativas que colocam em prática soluções energéticas inovadoras. Projetos que implementam usinas solares em comunidades isoladas, por exemplo, têm se destacado como verdadeiros faróis de resiliência e independência. Esse tipo de empreendedorismo social demonstra como a energia renovável pode empoderar as pessoas, trazendo não apenas eletricidade, mas também dignidade e oportunidades econômicas.

Neste contexto, quando olhamos para o papel das políticas públicas, percebemos que elas têm o poder de facilitar ou dificultar essa transformação. Na verdade, a colaboração deve ser uma filosofia incorporada nas legislações. Países que promovem incentivos fiscais para a adoção de tecnologias limpas e criam programas de capacitação para a população estão não apenas criando um ambiente favorável aos negócios, mas também alimentando um movimento de conscientização e ação. Assim, a esfera pública e privada se entrelaçam, construindo uma rede de apoio que gera força e resiliência.

    A transição energética, portanto, é um esforço coletivo. Não se limita aos governos e empresas, mas a todos nós. Cada cidadão, em sua simplicidade, pode fazer a diferença. Desde a escolha por fontes de energia renováveis em suas residências até a luta por reformas que garantam acesso à energia limpa e acessível para todos. Como consumidores conscientes, precisamos exigir e apoiar alternativas que respeitem o meio ambiente e promovam a dignidade humana.

    Olhemos, então, para as iniciativas que estão surgindo em todo o mundo. Em algumas nações, temos visto a implementação de projetos que integram a produção local de energia com a promoção de práticas agrícolas sustentáveis, formando assim uma simbiose entre o setor energético e agrícola. E esta é apenas uma das maneiras que podemos construir uma economia circular, onde resíduos tornam-se insumos, e a energia é renovável, acessível e sustentável.

    Além disso, é imperativo que partamos para a educação. As gerações futuras, que estão ainda em formação, precisam ser educadas nas ciências e nas práticas sustentáveis. Uma educação que não apenas informe, mas que também inspire, preparando jovens para se tornarem líderes em suas comunidades. Quando investimos na educação, estamos plantando a semente para um futuro no qual as soluções sustentáveis não serão apenas a norma, mas uma expectativa comum.

Ao refletirmos sobre as iniciativas e os esforços globais ou locais para a sustentabilidade energética, não podemos esquecer que a mudança não acontece da noite para o dia. É um processo que exige paciência, comprometimento e coragem para confrontar os desafios. Assim, deixamos aqui um chamado à ação: conectemos nossas vozes a um coro unificado que defenda um mundo sustentável. Ao unirmos esforços, podemos moldar um futuro energético que respeite o planeta e promova justiça social.

Concluiremos este capítulo reafirmando que a verdadeira revolução não se dá apenas no campo da tecnologia, mas na capacidade de nos unir em torno de um objetivo comum, no qual todas as vozes — as de comunidades vulneráveis, defensores do meio ambiente e inovadores tecnológicos — se entrelaçam em uma melodia poderosa de transformação. Esse é o caminho para a sustentabilidade energética: um caminho que buscamos construir juntos, um passo de cada vez, sempre conscientes do impacto que nossas escolhas diárias têm nas gerações futuras.

Capítulo 7: A Revolução Energética e Suas Implicações Sociais

O Panorama Atual da Energia e suas Desigualdades

Em um mundo que gira freneticamente, entre luzes de inovação e sombras de exclusão, o cenário energético atual revela não apenas nossas conquistas, mas também as disparidades gritantes que permeiam a sociedade. As fontes de energia que alimentam nossas vidas são, ao mesmo tempo, as mesmas que precisam de uma reflexão profunda. Agora, mais do que nunca, é crucial não apenas avaliar essas fontes — que vão do petróleo à energia solar —, mas também entender como elas impactam desigualmente diferentes parcelas da população.

A energia é um direito fundamental, sussurrada em meio ao ruído das comunidades mais vulneráveis. Enquanto os gráficos apontam para um aumento no uso de energias renováveis nos centros urbanos mais desenvolvidos, vemos que há milhões que ainda lutam para ter acesso a essa mesma energia. Aqueles que vivem nas periferias das grandes cidades, ou em regiões rurais isoladas, muitas vezes dependem de fontes imprevisíveis, como geradores a diesel ou mesmo a lenha, perpetuando um ciclo de pobreza energética.

Quando analisamos quem realmente está à margem do acesso às tecnologias limpas, percebemos a interconexão entre privação energética e desigualdade social. As comunidades mais afetadas pela falta de acesso a energia também são aquelas que enfrentam problemas de saúde, educação e empregabilidade. Essa sinergia alarmante revela um padrão: onde não há energia acessível, não há progresso. Assim, o futuro energético torna-se indistinto para aqueles que não têm voz no debate.

Um exemplo claro dessa desigualdade pode ser visto através da análise das comunidades indígenas, que frequentemente vivem em áreas remotas, ricas em recursos, mas que permanecem alheias ao avanço das energias renováveis. A energia solar, com seu potencial para transformar a vida em locais isolados, é frequentemente subutilizada ou completamente ignorada. A obtusa lógica do "desenvolvimento" ignora as vozes locais e suas necessidades urgentes. Com isso, a sensação de impotência diante dessas desigualdades se transforma em um clamor silencioso por justiça energética.

Nos países em desenvolvimento, a situação se torna ainda mais complexa. Enquanto alguns buscam soluções modernas como micro-redes que integram o uso de energia solar, as autoridades ainda hesitam em implementar políticas que garantam esse acesso universal.

Em vez disso, a dependência de combustíveis fósseis persiste, perpetuando um sistema que beneficia apenas os já privilegiados, evidenciando as assimetrias de um setor que deveria ser inclusivo.

Ao longo deste capítulo, exploraremos histórias que revelam essas desigualdades. Encontraremos exemplos em países como a Índia, onde iniciativas de eletrificação rural estão confrontando diretamente a pobreza, e no Brasil, onde comunidades ribeirinhas lutam para acessar a modernidade. Através dessas narrativas, buscaremos confirmar que o acesso à energia não é apenas uma questão técnica, mas uma questão de direitos humanos fundamentais e dignidade.

Neste contexto, como podemos avançar? Como podemos unir a inovação energética a um compromisso genuíno de inclusão social? A resposta pode estar nas práticas emergentes e na determinação das comunidades em se tornarem protagonistas de suas próprias histórias energéticas. O empoderamento das vozes marginalizadas, a implementação de políticas justas e a comercialização de energia a preços acessíveis são passos críticos no rompimento do ciclo de exclusão que persiste.

Portanto, enquanto navegamos pelas complexidades energéticas, devemos manter um foco claro em quem não tem - e merece - uma chance real de participar e se beneficiar dessa revolução. A energia é, afinal, mais do que litros de diesel ou painéis solares; é uma questão de autoestima, autonomia e, acima de tudo, um direito a ser respeitado e garantido a cada cidadão. Assim, sigamos, com a esperança de que a revolução energética será inclusiva, promovendo dignidade e justiça para todos.

A revolução energética está em marcha. Desta vez, não se trata apenas de mudar as matrizes de energia; estamos no caminho para uma transformação real que irá ressoar nas comunidades e, em última análise, na sociedade como um todo. Tecnologias emergentes, como o hidrogênio e a energia nuclear, surgem como protagonistas nesse espetáculo, provocando uma série de reflexões sobre como, onde e por quem essas inovações serão aceitas.

Tomemos, como exemplo, o hidrogênio. Desde sua produção até sua aplicação, ele se revela como uma alternativa intrigante. O potencial é vasto: quando falamos sobre energia limpa, o hidrogênio se destaca não como um subproduto, mas como uma solução central que muitas nações estão começando a abraçar. Comunidades ao redor do mundo estão observando atentamente, e a adesão à sua produção pode significar uma virada na forma como encaramos a segurança energética e as emissões de carbono.

Entretanto, a história não termina na pura tecnologia. As percepções e a aceitação de novas abordagens energéticas dentro das comunidades podem variar imensamente. Em algumas regiões, o hidrogênio é visto como uma promessa revolucionária; em outras, é recebido com ceticismo. Um dos desafios mais prementes é a comunicação. Como convencer aqueles que têm dúvidas sobre a segurança e viabilidade do hidrogênio? Essa conversa deve iniciar com mais do que apenas dados e gráficos; deve ser uma narrativa envolvente que elucide os benefícios sem a linguagem técnica que mais afasta do que atrai.

    Vemos então que, além da visão técnica, a aceitação social é crucial para elucidar a transformação energética. A abordagem deve ser colaborativa. No Brasil, comunidades ribeirinhas que se viram à espreita da transição energética podem se beneficiar do hidrogênio se houver um diálogo inclusivo sobre suas preocupações e aspirações. Elas precisam sentir que as soluções propostas não são apenas para o benefício do mercado, mas para a sua realidade cotidiana. Essa sensação de pertencimento, de ter uma voz, pode tornar essas mudanças não apenas aceitáveis, mas desejáveis.

    Em países desenvolvidos, a transição para a energia nuclear, mesmo quando promovida como uma alternativa viável e limpa, já enfrenta argumentos robustos. Para alguns, o medo e a desconfiança ainda orbitam a energia nuclear, incrustados nas memórias das calamidades do passado. Assim, a pergunta inevitável deve ser: como superar essas barreiras invisíveis? Um caminho pode ser a educação, sempre uma luz poderosa na escuridão do desconhecido. Desde as escolas até os fóruns comunitários, deve-se promover conversas que ajudem a mitigar os miedos, explicando a evolução das regulamentações de segurança e a natureza totalmente diferente das novas tecnologias nucleares.

Buscamos narrativas de sucesso como bússolas para guiar a jornada. Compartilhando as histórias de localidades que já implementaram tecnologias emergentes com sucesso, podemos inspirar a confiança nas comunidades hesitantes. Juntas, essas narrativas formam uma tapeçaria cultural de progresso e superação, e são essas histórias que aquecem corações e abrem mentes.

Contudo, resistir ao movimento não é apenas um problema de educação ou tecnologia; é um desafio de longo prazo que envolve a moralidade da inclusão. As comunidades mais afetadas pelo impacto ambiental das antigas indústrias de combustíveis fósseis agora requerem um assento à mesa onde as decisões sobre novas implementações energéticas são feitas. Portanto, a luta pela justiça social na energia deve ser ativada, onde as vozes das comunidades se tornam parte integrante do processo, não um acessório.

À medida que visitamos casos particulares de pessoas que conseguiram alterar suas realidades através da adoção de novas tecnologias energéticas, podemos nos inspirar. Este é o coração da revolução energética: a transformação da vida real, que transcende os números e os histograma, refletindo a profunda mudança nas dinâmicas sociais e econômicas de todos os envolvidos. Vidas que se tornaram melhores porque decidiram acolher a mudança, histórias que nos lembram que a inovação deve, acima de tudo, ser gentil e acessível.
   Em suma, este é um chamado à ação e à reflexão. A revolução energética é mais do que inovação técnica; é sobre as histórias que compartilhamos e sobre como podemos cultivar um amanhã onde todos participem, sem exceção. O potencial é imenso, e as decisões que tomamos hoje, impulsionados pelo desejo de inclusão e equidade, definirão não apenas nosso futuro energético, mas nosso valor enquanto humanidade. Seguindo em frente, devemos garantir que cada passo dado na direção do futuro leve consigo não apenas a visão do progresso, mas também a dignidade de todos aqueles a quem esse progresso deve beneficiar.
   A ética e a sustentabilidade são alicerces fundamentais na nova era da energia. À medida que progredimos em direção ao futuro que vislumbramos, é imprescindível que a inclusão e a justiça social sejam as estrelas-guia nesse

trajeto. Não podemos permitir que as inovações tecnológicas operem como uma cortina que encobre as vozes das comunidades vulneráveis, que, em última análise, são as mais afetadas pelas decisões tomadas longe de suas realidades cotidianas. Para que essa transição seja efetiva, precisamos de um compromisso firme com a ética, não apenas por ser certo, mas porque é o único caminho que garantirá um futuro sustentável.

As discussões em torno da transição energética nos obrigam a refletir sobre até que ponto as empresas e governos estão dispostos a escutar as comunidades afetadas. Os casos em que o diálogo é verdadeiramente estabelecido são raros, e é isso que precisamos mudar. Existe uma crescente pressão por transparência nas operações das empresas que lidam com energia renovável, e os cidadãos estão se organizando para exigir que suas vozes sejam ouvidas. Essa mobilização é um timbre forte na cinta do progresso que não pode ser ignorado.

Políticas públicas inclusivas aparecem como uma ferramenta não apenas para promover a equidade, mas também para incentivar o engajamento da população. Observamos exemplos de sucesso em diversos lugares do mundo, onde iniciativas de eletrificação comunitária foram implementadas com foco no empoderamento local. Nestes casos, não é apenas a energia que chega, mas sim um sentido de pertencimento e dignidade que se restabelece. Cidadãos comuns se tornaram protagonistas ao moldar as soluções que melhor atendem às suas necessidades e demandas.

Uma abordagem ética requer, por sua vez, um compromisso legítimo dos agentes energéticos em respeitar a autonomia das comunidades. Isso significa que, antes de implantar novas tecnologias, é necessária uma avaliação crítica sobre como elas impactarão a vida das pessoas. Devemos perguntar: quem se beneficiará? Quem será deixado para trás? Somente através desse escrutínio intenso poderemos melhor garantir que a transição energética não perpetue desigualdades já existentes, mas que, em vez disso, as supere.

Nosso olhar deve estar voltado para políticas que promovam a equidade na energia, ações que possibilitem a distribuição justa de recursos e um acesso universal aos benefícios das inovações. Essa equidade deve ser um dos princípios norteadores em todos os níveis de governo, desde a definição das políticas até a implementação de programas que garantam que comunidades marginalizadas não sejam esquecidas nesse novo panorama.

Enquanto avançamos nesse caminho de transformação, é imperativo que lutemos e trabalhemos juntos para que a revolução energética que está acontecendo não seja apenas uma troca de ativos energéticos, mas uma verdadeira remodelação da sociedade. A energia não deve ser entendida como uma mercadoria isolada, mas como um direito humano fundamental que deve ser acessado igualmente por todos, sem distinções.

Concluímos esta seção reforçando que a ética e a sustentabilidade não são apenas objetivos, mas a essência de uma nova maneira de conceber a energia. À medida que nos dirigimos para o futuro energético, devemos garantir que as vozes de todos os cidadãos sejam ouvidas, seus direitos respeitados e seu acesso garantido. Dessa forma, a revolução energética se tornará um símbolo de inclusão, um verdadeiro farol de esperança que brilhará para todos, sem exceção.

O futuro sustentável exige uma nova abordagem, uma que não apenas reconheça, mas que celebre o papel vital das comunidades na construção de um mundo energético mais justo e efetivo. Quando falamos de transição energética, é imprescindível que consideremos a participação ativa e consciente das populações locais. Elas não são meras espectadoras nesse processo; são protagonistas, com o poder de moldar suas realidades por meio do conhecimento e da tecnologia disponíveis.

Instrumentos de educação e capacitação formam a base para esse empoderamento comunitário. Transformar o entendimento sobre tecnologias como a energia solar e o hidrogênio em uma linguagem acessível, significa derrubar barreiras que, por muito tempo, impediram que muitos compreendessem as oportunidades à sua disposição. Ao promover workshops e incentivos para que as comunidades se envolvam no uso de novas tecnologias, conseguimos não apenas iluminar mentes, mas também acender a chama da inovação e da resiliência.

Um panorama desejado para a energia sustentável também implica em criar modelos colaborativos que espalhem uma rede eficiente de troca de conhecimento. A construção de parcerias entre escolas, universidades, organizações não governamentais, e o setor privado, reforça a ideia de que, juntos, é possível criar uma sinergia de força e compromisso em prol do bem-estar comum. Imagine um bairro onde a energia gerada por painéis solares não apenas alimenta as casas, mas se torna um ativo compartilhado com escolas e hospitais, garantindo que cada esquina dessa comunidade viva em harmonia com suas necessidades.

No entanto, a transformação vai além do aspecto técnico. Trata-se de instigar um senso comum de pertencimento e responsabilidade. A mudança de mentalidade que propomos requer que cada um de nós reflita: que papel desempenhamos na construção desse futuro? O engajamento cívico deve ser incentivado, onde cada voz seja ouvida e cada necessidade considerada na tomada de decisões.

Como exemplo, podemos observar inovações em várias partes do globo que já atuam sob essa perspectiva. A experiência de comunidades que adotaram o modelo de cooperativas energéticas, onde a geração de energia é feita de maneira local e gerida por seus moradores, tem provado ser transformadora. Aqueles que antes eram negligenciados por grandes corporações agora controlam sua própria fonte de energia, tornando-se exemplos de que a autossuficiência é viável.

Portanto, à luz dessas experiências enriquecedoras, propomos soluções que vão além das intenções. Se a inclusão e a educação são pilares da construção de um futuro sustentável, então as comunidades devem ser incentivadas a serem os motores desta transição. Devemos criar espaços onde as ideias possam prosperar e as soluções possam emergir diretamente de quem mais conhece a sua realidade.

Finalizando, a responsabilidade que temos, enquanto sociedade e consumidores, é colossal. O futuro da energia deve ser uma questão coletiva e colaborativa, onde o indivíduo, independentemente de seu contexto, tem a chance de moldar a realidade que deseja viver. Este compromisso consciente, que unifica tecnologia, inclusão e ética, representa não apenas uma promessa, mas uma missão: garantir um amanhã onde a energia não seja um luxo, mas um direito. Uma jornada que, se trilhada juntos, poderá gerar abundância para todos.

Capítulo 8: Teias de Conexão – Energia, Comunidade e Sustentabilidade

A Interseção entre Energia e Comunidade

Na dança complexa da sociedade contemporânea, uma teia invisível conecta os fios da energia e da comunidade. Com frequência, não percebemos como o acesso à energia não é apenas uma questão técnica, mas um elemento que molda as dinâmicas sociais, culturais e econômicas das populações. As comunidades mais vibrantes e resilientes estão entrelaçadas com a energia que as sustenta, e é a partir dessa relação intrínseca que podemos entender as transformações potenciais diante do desafio global da sustentabilidade.

Voltando-se para histórias de superação, encontramos exemplos de comunidades que, com criatividade e união, transcenderam barreiras energéticas. Vamos explorar o caso das cooperativas energéticas que floresceram em diferentes regiões, onde os moradores se uniram, não só para garantir o acesso à eletricidade, mas para empoderar-se em relação às suas necessidades. Essas iniciativas não apenas proporcionam acesso a fontes de energia renovável, mas também estimulam um forte senso de identidade comunitária e pertencimento.

Um exemplo inspirador surge a partir das experiências de comunidades rurais na Índia. Com humores diversos, milhares de famílias se reúnem não apenas para obter a eletricidade que lhe era escassa, mas para discutir sobre como poderiam controlar suas próprias fontes de energia limpa. Os avanços em tecnologias como micro-redes solares despertaram um novo entendimento sobre o que significa ser sustentável, promovendo a participação e colaboração entre todos os membros da comunidade. Não se trata de simples instalação de painéis solares; é um movimento profundo e transformador onde cada voz conta e cada história é válida.

No entanto, a jornada não é isenta de obstáculos. As comunidades menos favorecidas enfrentam barreiras assustadoras para acessar essas fontes renováveis. A pobreza energética se transforma em um ciclo vicioso, onde a falta de acesso à eletricidade limita o desenvolvimento social, o acesso à educação de qualidade e, consequentemente, o crescimento econômico. Essa luta diária evidencia um ponto crucial: enquanto a tecnologia avança, os desafios sociais precisam de nossa atenção igualmente vigorosa.

É aqui que a educação e a capacitação desempenham um papel vital. Sem a adequada abordagem informativa, as soluções tecnológicas podem permanecer além do alcance de quem mais precisa delas. Iniciativas de formação dirigidas por e para as comunidades são a chave para quebrar esse ciclo de exclusão. Ao garantir que cada membro da comunidade entenda não apenas como usar, mas também como gerenciar e até mesmo criar suas próprias soluções energéticas, promovemos um empoderamento genuíno que ressoa por gerações.

Assim, ao olharmos para o futuro, devemos defender não apenas o acesso, mas a justiça no uso da energia. As políticas que governam os recursos energéticos devem ser fundamentadas em princípios de inclusão e equidade, assegurando que todos, independentemente de sua localização ou condição socioeconômica, tenham voz e acesso às novas possibilidades. O combate à desigualdade energética não é apenas uma luta por melhores condições de vida, mas sim um esforço para restaurar dignidade e dar poder à autonomia de cada indivíduo e comunidade.

Avançar significa também abraçar as inovações tecnológicas que podem moldar um amanhã mais sustentável. À medida que novas formas de energia emergem, como o hidrogênio e soluções de armazenamento de energia, a esperança é que esses desenvolvimentos sejam implementados de forma a beneficiar todos os estratos da sociedade e não apenas aqueles que já estão inseridos em um cenário de privilégio. A visão de um futuro energético conectado a comunidades vibrantes e sustentáveis está ao nosso alcance, mas requer um compromisso coletivo, enraizado no entendimento de que cada ação conta, cada conexão importa.

Portanto, neste caminho entre a energia e a comunidade, que busquemos sempre tecer uma narrativa que inclua todos as vozes. A mudança começa quando as pessoas se unem e decidem que o acesso à energia — a base de nossa vivência contemporânea — é um direito de cada ser humano. Que possamos ser as tecelãs e tecelões da energia, criatividade e resiliência na busca de um mundo melhor para todos.

A educação e a capacitação de uma comunidade são ferramentas poderosas para transformação. Tais habilidades não apenas abrem portas para oportunidades energéticas, mas também inspiram um senso renovado de pertencimento e agência entre os indivíduos. Quando falamos sobre a energia, falamos de um futuro que não deve ser exclusivo para alguns; deve ser aberto a todos, especialmente para aqueles que têm estado à margem das conversas energéticas.

Programs envolvendo a formação técnica em energias renováveis têm se mostrado eficazes para equipar as comunidades com o conhecimento necessário. Essas iniciativas não só ajudam os cidadãos a entenderem as tecnologias, mas também a configurar suas próprias redes energéticas. Um belo exemplo disso pode ser encontrado no Nordeste do Brasil, onde comunidades rurais uniram esforços para formar cooperativas de energia solar. Transformando a luz do sol em eletricidade, essas iniciativas não apenas garantem acesso à energia, mas também proporcionam uma alternativa econômica estável.

A cultura de colaboração é um dos pilares fundamentais para o sucesso dessas iniciativas. O convívio e a troca de experiências entre vizinhos fomentam um espírito de unidade e ação conjunta. Este é, sem dúvida, um modelo que deveria ser replicado em outras partes do mundo. O potencial transformador dessa abordagem é imenso; em vez de depender de grandes corporações, as pessoas estão assumindo o controle de suas necessidades energéticas, criando um ciclo virtuoso que gera benefícios sociais e ambientais.

Entretanto, para que essas mudanças sejam sustentáveis, precisamos pensar também na educação continuada. É necessário que as comunidades sejam equipadas não só para instalar e manter tecnologias, mas também para inovar e se adaptar a novas realidades. Programas educacionais que incluem formação prática, workshops sobre eficiência energética e debates sobre o impacto social da energia renovável são fundamentais. Essa educação não deve se limitar a homens e mulheres em áreas rurais; deve ser uma prioridade para escolas, universidades, e centros educacionais urbanos que aspiram a formar cidadãos conscientes de suas realidades energéticas.

Por fim, as parcerias com organizações não governamentais, universidades e empresas fornecedoras de tecnologias renováveis são cruciais. Elas podem oferecer apoio técnico, financeiro e moral, assim como trazer novas ideias e tecnologias para aquelas comunidades que têm se esforçado tanto para alcançar a energia sustentável. Essa rede, construída com base no respeito mútuo, é muito mais do que uma simples colaboração; é uma alavanca poderosa que tem o potencial de transformar vidas, reafirmando que a inclusão é a chave para um futuro energético equitativo.

O caminho que temos pela frente é longo e desafiador, mas cada passo em direção à educação e ao empoderamento é um passo rumo a um mundo onde a energia é acessível, sustentável e, acima de tudo, justa para todos. As comunidades não são apenas recipientes de energia; são fontes de sabedoria e inovação. Ao priorizarmos a educação e a capacidade, estamos moldando não apenas o futuro da energia, mas também um futuro mais brilhante e vibrante para todos nós.

Sustentabilidade e Ética na Abordagem Energética

Ao falar de energia, não podemos ignorar a importância da ética e da sustentabilidade. As decisões que tomamos hoje sobre nossas fontes de energia moldarão não apenas nosso ambiente, mas também as comunidades nas quais vivemos. Um compromisso genuíno com princípios éticos no setor energético deve incluir a consideração das necessidades e direitos das comunidades que estão em contato direto com essas energias.

Devemos refletir: quem se beneficia realmente das grandes iniciativas energéticas? Em muitos casos, as soluções inovadoras que prometem transformar a matriz energética acabam beneficiando principalmente os grandes conglomerados, enquanto aqueles que vivem nas proximidades de usinas ou das áreas de extração permanecem como espectadores passivos. Essa é uma questão crítica que devemos abordar com urgência e responsabilidade.

Consideremos o impacto das políticas energéticas em comunidades vulneráveis. Quando um projeto de grande escala é introduzido, muitas vezes, esses cidadãos são deslocados ou deslocados de suas terras sem um processo justo ou adequado de compensação. Historicamente, as vozes dessas comunidades foram subestimadas nas discussões em torno desses empreendimentos. No entanto, é fundamental que suas preocupações e experiências sejam levadas em conta, não apenas por razões éticas, mas também como um caminho para o sucesso e a aceitação do projeto.

A energia não é apenas uma commodity; é um elemento essencial da vida humana. Acordar sabendo que há energia para iluminar sua casa e preparar alimentos é um direito que deveria ser garantido a todos. Casos de sucesso que fizeram a inclusão social um pilar central em suas iniciativas energéticas indicam que, quando as vozes das comunidades são valoradas, o projeto não apenas prospera, mas também gera um senso de pertencimento e segurança.

Um exemplo doloroso que ilustra essa falta de ética é a história de comunidades afetadas pela extração de petróleo. Em várias partes do mundo, essas comunidades enfrentaram desastres ambientais que afetaram sua saúde, suas fontes de renda e sua cultura. Esses casos não podem ser apenas nominalmente compensados; razões das disparidades sociais e dos impactos econômicos devem ser abordadas com rigor e sensibilidade.

Por outro lado, exemplos de projetos que operam com transparência, responsabilização e um forte compromisso ético em relação ao meio ambiente têm mostrado como tornar viável a coexistência de energia e comunidades indomáveis. Essas iniciativas alimentam a esperança de que a sustentabilidade deva ser uma prioridade e nunca um mero slogan.

Assim, quando examinamos a energia e suas implicações sociais, é preciso ter em mente não apenas o ambiente, mas a rica tapeçaria social que somos todos. É fundamental cremos que precisamos inverter a lógica predominante: precisamos trabalhar juntos, comunidades e produtores de energia, em um espírito de parceria. O futuro se torna mais luminoso quando todos têm acesso igual a um recurso que deveria ser universal e vale a pena lutar por isso.

Olhando para o futuro, juventude, acessibilidade e transparência devem se entrelaçar em um compromisso que garanta que nossa transição energética seja bíblica. E ao falarmos sobre futuro, falamos sempre em inclusão. Não dar espaço para decision-makers ignorarem os efeitos de seu impacto nas comunidades que operam ao lado dos projetos, mas sim responsabilizá-los por garantir que a justiça social seja o centro dessa revolução.

Por fim, reforçamos que a energia deve servir ao bem público. Somente construindo uma sociedade que acredita nesses princípios nós conseguiremos abraçar uma perspectiva alicerçada no respeito e na dignidade. A conexão entre energia, comunidade e sustentabilidade não é uma questão a ser resolvida por alguns; é um futuro em que todos nós devemos ter o direito de participar e moldar.

Ao prosseguirmos, teremos sempre o compromisso ético em mente: a energia é um direito humano, e a inclusão é um imperativo moral, ouçam as vozes que pedem para ser ouvidas, não deixemos essa luta por um futuro estimável e renovável nas mãos de poucos. Guardo uma expectativa firme de que a energia do amanhã será definida pela ética, pela inclusão, e pela transparência, com todos nós juntos nesse caminho, por um planeta mais verde e justo.

    O futuro da energia e o papel das comunidades estão conectados em uma teia de responsabilidades e oportunidades. Precisamos olhar para a integração de novas tecnologias, como a energia de hidrogênio, com um foco renovado na acessibilidade e na participação coletiva das comunidades. Entre os desafios que persistem, as promessas de um progresso mais limpo e sustentável sempre devem abranger a consciência de que cada passo nessa jornada deve levar em consideração as vozes muitas vezes silenciadas.

    Ao imaginar um futuro onde a energia abraça a inclusão, devemos primeiro considerar como as políticas públicas podem facilitar essa transição. É vital que o horizonte político permita a criação de condições que não só garantam acesso igualitário, mas que promovam o diálogo ativo entre todos os setores envolvidos. Redefinir a relação entre governos, empresas e comunidades é imperativo para criar um ambiente onde as necessidades locais sejam prioritárias.

Outro aspecto essencial é a mobilização das comunidades. Elas devem ser incentivadas a tomarem o protagonismo nesse cenário energético, defendendo seus direitos e reivindicando condições adequadas para o desenvolvimento de soluções energéticas que beneficiem a todos. A energia não é apenas um recurso para ser explorado; ela deve ser um ativo coletivo que eleva a qualidade de vida e empodera as pessoas.

Iniciativas que promovem a conscientização e a educação estão em ascensão. Desde campanhas de sensibilização até programas de capacitação, as comunidades podem integrar conhecimento sobre tecnologias renováveis de forma que sintam que possuem não apenas uma ferramenta, mas uma extensão de seu próprio poder. A energia limpa deve ser entendida como uma oportunidade de crescimento, uma chance de criar um futuro onde todos podem se beneficiar.

Ainda, as inovações tecnológicas não devem ser vistas como soluções isoladas. Cada nova tecnologia deve ser acompanhada de esforços para garantir que elas se tornem parte da vida cotidiana das comunidades. O hidrogênio, por exemplo, com seu potencial revolucionário, deve ser introduzido de forma que toda a população, independente de sua situação, tenha a chance de se inserir em um novo paradigma energético.

Ao refletirmos sobre o papel das comunidades, também é importante considerarmos a diversidade que existe dentro delas. Cada comunidade possui uma cultura rica e experiências únicas que podem informar e enriquecer as discussões sobre o uso de energia. Escutar essas vozes é fundamental para garantir que as políticas e tecnologias não apenas atendam a necessidade técnica, mas também ressoem com a identidade e os valores locais.

Por último, a resistência ao progresso não vem apenas da incerteza sobre novas tecnologias, mas também de um histórico de exclusões nas decisões energéticas. Portanto, garantir que as vozes históricas de exclusão sejam elevadas em diálogos futuros não é apenas uma questão moral, mas uma necessidade prática. O engajamento de todas as partes envolvidas é o caminho para a construção de um futuro energético que seja verdadeiramente sustentável e colaborativo.

Em suma, o futuro da energia vive dentro das comunidades e suas interações. A construção de um futuro através da energia envolve não apenas tecnologias e políticas, mas as pessoas que as utilizam. A energia precisa ser uma força conectiva que não apenas alimenta ambientes físicos, mas também cria laços de pertencimento e propósito. Que possamos, juntos, trilhar esse caminho, onde cada comunidade se sinta parte da revolução energética, moldando seu destino com criatividade e determinação.

Capítulo 9: Avanços e Desafios na Busca por Energias Sustentáveis

Panorama Atual das Energias Sustentáveis

Ao olhar para o horizonte energético atual, somos envolvidos por uma sinfonia de vozes e cores que compõem o vasto mundo das energias renováveis. O planeta está em uma encruzilhada; de um lado, a urgência das mudanças climáticas e os desafios da escassez de recursos, do outro, o despertar de uma nova consciência sobre a sustentabilidade. Fontes como solar, eólica, hidroelétrica e biomassa emergem como protagonistas desta nova era.

Na essência da energia solar, encontramos um símbolo de esperança. As vastas extensões de painéis fotovoltaicos energizam não apenas casas, mas sonhos e aspirações de comunidades que anseiam por autonomia. As estatísticas falam por si — a energia solar tem visto um crescimento exponencial. No Brasil, uma nação abençoada com um sol radiante, programas de incentivo têm permitido que essas tecnologias cheguem a regiões remotas, onde a luz do dia se transforma em uma ferramenta de mudança social e econômica.

E então há a energia eólica, que, como os ventos que sempre sopram, traz consigo a possibilidade de um futuro mais limpo. Turbinas majestosas dançam ao ritmo do vento, gerando eletricidade e simbolizando a força de uma revolução silenciosa. Contudo, os desafios não ficam à espreita. Questões de espaço, impacto ambiental e aceitação social surgem como sombras que ameaçam o brilho das inovações.

A energia hidrelétrica, por sua vez, permanece uma solução enraizada, embora não isenta de controvérsias. Barragens enormes que fornecem energia a milhões também trazem dilemas – quando falamos de deslocamento de comunidades e barreiras à biodiversidade. Assim, a balança entre desenvolvimento e responsabilidade ambiental precisa ser ajustada com cautela.

No cenário global, a biomassa emerge como um aliado versátil. Transformando resíduos em energia, não apenas reduz a quantidade de lixo em aterros, mas dá nova vida a materiais que, de outra forma, seriam descartados. Ao mesmo tempo, o uso da biomassa deve ser abordado com responsabilidade, preservando os ecossistemas e evitando a competição com a produção de alimentos.

As políticas públicas desempenham um papel crucial nesse panorama. Decisões governamentais que incentivam investimentos em energias renováveis podem ser o empurrão que as comunidades precisam para avançar em sua jornada energética. Globalmente, países estão adotando metas ambiciosas de redução de emissões e compromisso com a energia limpa. No Brasil, as perspectivas são animadoras, mas dependemos de ações proativas para sedimentar essa transição.

No entanto, o que tudo isso significa para a vida das pessoas? As comunidades precisam ser o eixo central dessa mudança. Investimentos em educação e capacitação são essenciais. Ao fornecer informações sobre como as energias renováveis podem ser acessadas e utilizadas, não apenas capacitamos os indivíduos, mas também fortalecemos a própria estrutura social, criando uma rede de apoio que ressoa de geração em geração.

Se os desafios são enormes, as oportunidades também são. As startups que despontam no cenário energético precisam ser olhadas com carinho – elas representam as vozes de uma nova era, onde a inovação não é apenas um produto final, mas um processo colaborativo que envolve a comunidade. Ao unir forças com as áreas acadêmicas, podemos desenvolver tecnologias que não apenas funcionam, mas que se adaptam, respeitam e até mesmo reverberam as necessidades locais.

Neste contexto, é fundamental lembrar que cada transformação precisa ser inclusiva. A conscientização e a educação ambiental devem buscar abarcar todos os setores da sociedade. Isso é vital não apenas para garantir que as soluções sejam compreendidas, mas também para que as comunidades sintam que possuem um papel ativo nessa revolução energética.

Portanto, enquanto avançamos para um futuro onde as energias sustentáveis se tornam a norma, peguemos a luvade proteção, arregaçemos as mangas e pronto! Oremos pela inclusão e pela equidade na divisão dos benefícios trazidos por essas transformações. O desenho de um futuro sustentável não será feito em um estalar de dedos, mas sim,

como uma sinfonia composta de notas individuais que, quando tocadas juntas, criam uma melodia harmônica e vibrante, pronta para ressoar nos corações de todos nós. As energias sustentáveis estão aqui, e é hora de aproveitá-las para construir um amanhã digno para as futuras gerações.

As energias sustentáveis continuam a se expandir, a inovação tecnológica se apresenta como um trampolim para a transformação da matriz energética. As inovações mais promissoras nesse cenário giram em torno de tecnologias como a de hidrogênio, baterias de nova geração e redes inteligentes. Essas ferramentas não apenas prometem melhorias na eficiência energética, mas também podem instituir um novo padrão de autossuficiência nas comunidades.

A energia de hidrogênio, em particular, merece destaque. Com um potencial surpreendente, o hidrogênio é a combinação perfeita entre versatilidade e eficiência. Desde o armazenamento de energia gerada em momentos de baixa demanda até sua aplicação em veículos com emissão zero, essa forma de energia tem se mostrado uma solução confiável para um futuro mais sustentável. O estado do hidrogênio se apresenta promissor, com diversas iniciativas globais já testando sua aplicação em larga escala. Entretanto, há desafios: a produção de hidrogênio, em sua maioria, ainda depende de combustíveis fósseis, e essa produção deve ser transformada para garantir que o hidrogênio se torne verdadeiramente verde.

    Outro aspecto crucial é o avanço nas baterias de nova geração, que têm o potencial de revolucionar o armazenamento de energia. Tecnologias baseadas em baterias de íon de lítio estão evoluindo rapidamente, mas ainda enfrentam limitações como a durabilidade e a eficiência. No entanto, novas pesquisas em baterias sólidas e na utilização de materiais alternativos são como lufadas de ar fresco, prometendo não só melhorar a vida útil das baterias, mas também sua capacidade de armazenamento. Imagine um futuro em que cada residência possa armazenar energia solar durante o dia e usá-la à noite, ampliando a rede e aumentando a resiliência das comunidades.

    Além das inovações em armazenamento, as redes inteligentes estão entrando na brincadeira para mudar a forma como gerenciamos o consumo de energia. A digitalização do setor energético, por meio de tecnologias que permitem um gerenciamento detalhado e em tempo real do consumo e da distribuição, representa uma oportunidade para a autossuficiência. Comunidades que adotarem redes inteligentes não apenas poderão reduzir custos, mas também otimizar a produção local de energia, ajustando-a às necessidades reais dos cidadãos.

    Apesar de todo esse otimismo, os desafios técnicos e logísticos se apresentam. A integração das novas tecnologias na infraestrutura existente requer planejamento, investimento e um esforço colaborativo entre o governo, empresas e as próprias comunidades. Exemplos de sucesso, como a implementação de micro-redes em regiões isoladas, mostram que é possível criar soluções sob medida que atendam às necessidades locais, mas essas iniciativas são muitas vezes relegadas a segundo plano nas políticas públicas.

    Ainda assim, as lições aprendidas a partir de projetos fracassados não podem ser desperdiçadas. Estudos de casos mostram que a falta de envolvimento comunitário e a ausência de transparência nas decisões do governo levaram a reações negativas a novos projetos. Portanto, é vital que essas inovações sejam apoiadas por uma forte base de governança comunitária. O futuro das energias sustentáveis não deve ser apenas uma questão de tecnologia, mas sim um esforço colaborativo que envolva a active participação de todas as partes envolvidas.

A capacidade de transformar desafios em oportunidades depende, em última análise, da disposição de cada comunidade em abraçar as inovações que são essenciais para o progresso sustentável. Precisamos entender que a inovação é um processo contínuo e que devemos estar dispostos a aprender com os erros, sempre em direção a um objetivo comum: um futuro energético que respe ite o meio ambiente e promova o bem-estar social. Assim, ao olharmos para aqueles momentos de tensão e dificuldades, que possamos nos lembrar de que cada um deles pode abrir caminhos para um amanhã mais resiliente e harmônico.

As energias sustentáveis se expandem, é essencial considerar não apenas os aspectos técnicos, mas também os impactos sociais e ambientais que acompanham essa transição. A justiça energética se torna um tema central, à medida que nos perguntamos: quem se beneficia realmente dessa revolução nas energias renováveis? Um desafio preponderante está em garantir que as comunidades marginalizadas não sejam deixadas para trás, enquanto os grandes projetos de energia avançam.

A transição energética deve proporcionar oportunidades equitativas. As comunidades afetadas por projetos energéticos, como a construção de grandes usinas solares ou eólicas, frequentemente encontram-se em situações desvantajosas. O deslocamento forçado, a perda de terras e a interrupção de modos de vida são indesejáveis. Portanto, a implementação de um sistema ético e sustentável deve ser a linha de conduta. Essa ética deve incluir não apenas compensação financeira, mas também a inclusão ativa das vozes das comunidades quando discutimos os impactos que os projetos energéticos podem ter em suas vidas.

    A exploração da energia renovável não é isenta de implicações ambientais significativas. Em algumas situações, a construção de parques eólicos e solares pode alterar ecossistemas locais, impactando habitats críticos. A exploração de biomassa, por exemplo, deve ser realizada com cuidado para evitar a competição com a produção de alimentos. Esses aspectos revelam que cada escolha em direção à energia sustentável precisa ser analisada sob a luz das repercussões sociais e ambientais.

    Dois estudos de caso ilustram perfeitamente esse dilema. O primeiro envolve comunidades que se opuseram ao projeto de uma usina solar em uma região historicamente dedicada à agricultura. As preocupações sobre o uso da terra e a mudança no conhecimento ancestral das práticas agrícolas foram levantadas por aqueles que viviam no local por gerações.

Em contraste, existe a história de uma cooperativa comunitária que, utilizando financiamento coletivo, conseguiu implementar uma micro-rede solar. Esse projeto não só atendeu às necessidades energéticas da comunidade, mas também propiciou uma rede de suporte social que fortaleceu laços e promoveu o desenvolvimento local.

No entanto, essa luta pela justiça e inclusão energética não se limita a um confronto entre tradição e modernidade. A justiça social é essencial para garantir que essas comunidades beneficiadas não apenas recebam compensações financeiras, mas possam participar ativamente nas decisões sobre seus recursos energéticos. As inovações tecnológicas, como as micro-redes e sistemas de armazenamento de energia, apresentam o potencial de mudar a dinâmica do consumo e da produção de energia, mas devem ser acompanhadas de um diálogo aberto com os cidadãos envolvidos.

Os interesses locais devem ser respeitados e integrados nos processos de tomada de decisão. As discussões em torno do futuro das energias sustentáveis precisam ser transparentes e acessíveis a todos os cidadãos, independentemente de sua formação ou situação financeira. Essa inclusão é vital para desenvolver um senso de pertencimento e controle sobre como a energia é gerenciada e utilizada.

Se quisermos avançar, as comunidades têm que ganhar espaço nas mesas de negociação onde se discute o futuro energético. Isso garante não apenas a justiça, mas uma base sólida para o sucesso dos projetos de energia sustentável. Manter a população em primeiro plano nas decisões energéticas é o caminho para garantir que as transformações não apenas alcancem feitos tecnológicos, mas também promovam um impacto positivo e duradouro em suas vidas.

À medida que olhamos para o ambiente global, a luta pela justiça social e ambiental se torna um ponto crucial para a aceitação das novas tecnologias. As comunidades que se sentem representadas, informadas e respeitadas são comunidades que abraçarão e apoiarão a mudança que vem com a introdução de fontes de energia renováveis.

Por fim, ao abordar a transição para energias sustentáveis, é crucial lembrar que cada ação tomada deve reverberar justiça, inclusão e respeito. Essas não são apenas questões sobre a energia que flui nas tomadas de nossa casa, mas sobre quem realmente se beneficia dessa energia e como podemos permitir que todos compartilhem desse direito fundamental. A energia é um bem de todos, e lutar por seu uso justo e equitativo é um passo que deve ser continuamente pautado nesta nova era de renovação.

Enquanto nos aventuramos pelos caminhos futuros das energias sustentáveis, uma palavra ressoa com clareza e força: educação. O papel da educação nesse panorama não pode ser subestimado. Em um mundo onde a tecnologia avança a passos largos, é crucial que as comunidades sejam equipadas com o conhecimento necessário para navegar por essas novas fronteiras energéticas. O entendimento profundo das energias sustentáveis e suas implicações oferece às pessoas a capacidade de se tornarem agentes ativos em suas próprias realidades.

Investir na educação não é simplesmente uma questão de fornecer informações, mas sim de criar um ambiente onde as ideias possam florescer. Um modelo proativo de aprendizado seguirá transformando o entendimento das energias renováveis, introduzindo discussões sobre eficiência energética, economia circular e práticas sustentáveis. Workshops práticos, demonstrações de tecnologias renováveis e debates em sala de aula despertarão o interesse dos estudantes e da comunidade em geral, encorajando um espírito curioso e inovador.

Ademais, é essencial que a educação sobre energia sustentável não se restrinja a estudantes em instituições formais. As comunidades devem estar na linha de frente das iniciativas que visam criar consciência energética. Programas de atuação em comunidades podem ser desenvolvidos, capacitando cidadãos a entender e aplicar as tecnologias energéticas em seus lares. Imagine uma comunidade unida, onde cada indivíduo tem o conhecimento para implementar sistemas de energia solar ou prática da conservação energética através da coleta de chuva. A autonomia começa no aprendizado.

Os currículos escolares também devem ser redesenhados para incluir uma educação ambiental e energias renováveis como temas centrais. Os jovens de hoje são os líderes de amanhã; ao imbuí-los com uma compreensão sólida das suas responsabilidades energéticas, nós os preparamos para enfrentarem os desafios com confiança e competência. Eles não são apenas consumidores de energia, mas cidadãos capacitados que podem influenciar políticas e decisões em suas comunidades.

Contudo, é preciso reconhecer que a transição para uma sociedade mais sustentável não ocorrerá de forma mágica ou instantânea. Exige tempo, comprometimento e uma abordagem contínua. É um processo que requer a união de governos, organizações não governamentais e o setor privado para criar oportunidades que incluam e engajem todas as faixas da população. A democratização do conhecimento é fundamental para garantir que todos tenham acesso às ferramentas necessárias para se tornarem defensores das energias renováveis.

Finalmente, a comunicação desempenha um papel vital nesta travessia. É essencial comunicarmos as mensagens de forma clara e acessível, fazendo uso de múltiplos canais para atingir uma gama diversificada de públicos. Não basta apenas transmitir informações; precisamos contar histórias que inspirem e ativem a mudança. Histórias de sucesso, desafios superados, e as vozes de comunidades que transformaram suas realidades energéticas são fundamentais para galvanizar um movimento em direção a uma cultura sustentável.

Assim, à medida que olhamos para o futuro, a importância da educação é inegável. Quando cada pessoa que caminha sobre esta terra compreender e respeitar a energia que consome, seremos capazes de criar um mundo onde cada gota de luz solar, cada brisa e cada gota de água sejam valorizadas e utilizadas com sabedoria. Este futuro é palpável, mas dependerá de nossa capacidade coletiva de educar, engajar e inspirar uns aos outros a buscar um amanhã mais sustentável.

Capítulo 10: O Futuro da Energia: Uma Nova Era de Possibilidades

A Inovação como Motor do Progresso

Em um mundo em incessante transformação, a inovação se apresenta como o motor que alimenta a busca por um futuro energético mais limpo e sustentável. Como uma faísca em meio à escuridão, novas tecnologias estão surgindo, prometendo não apenas mudar a forma como geramos e consumimos energia, mas também redefinir o papel que cada um de nós ocupa neste processo. Espreitando por entre as sombras do presente, vislumbramos um futuro repleto de possibilidades, onde criatividade e eficiência caminham lado a lado.

Ao falarmos de novas tecnologias energéticas, tornou-se comum ouvir sobre a energia de fusão. Uma promessa que até pouco tempo atrás parecia distante, como uma miragem no deserto. No entanto, há um renovado otimismo em torno de pesquisas focadas na fusão nuclear, uma fonte de energia que, se dominada, poderia gerar eletricidade com praticamente zero emissão de carbono. Imagine cidades vibrantes, iluminadas por uma fonte quase infinita de energia limpa, onde a dependência de combustíveis fósseis se torna uma lembrança do passado. Pesquisas em andamento em várias partes do mundo estão se aproximando desse objetivo histórico, e a evolução das tecnologias ligadas à fusão é uma chama que precisamos alimentar.

Mas a energia de fusão não é a única inovação que captura nossa imaginação. Há também o fascinante avanço na produção de hidrogênio como vetor energético. O hidrogênio, conhecido como o elemento mais abundante do universo, está se transformando rapidamente em um combustível limpo e versátil. Ele possui a capacidade de armazenar energia de fontes renováveis, operando como uma bateria em larga escala e permitindo que cidades e indústrias dependam menos de fontes não renováveis. Assim, iniciamos um ciclo virtuoso: energia limpa é convertida em hidrogênio, que pode ser armazenado e utilizado quando necessário, reduzindo a carga sobre a infraestrutura elétrica existente.

Além disso, os biocombustíveis de segunda geração estão despontando como uma solução prática e eficiente para reduzir a dependência de combustíveis fósseis. Ao contrário de seus predecessores, esses biocombustíveis utilizam resíduos orgânicos e culturas não alimentares para a produção. Imagine um cenário onde a coleta de resíduos agrícolas e urbanos se transforma em energia, criando um ciclo onde o que antes era considerado desperdício passa a ser um recurso valioso. Essa abordagem não apenas contribui com a mitigação das mudanças climáticas, mas também representa uma oportunidade para erguer economias rurais em uma era de sustentabilidade.

Embora as promessas dessas inovações sejam empolgantes, é crucial que não nos deixemos levar apenas pela esperança. Exemplo de sucesso é o passo necessário, e a história nos ensina que existem desafios a serem superados nessa jornada. Países como a Dinamarca e a

Alemanha estão na vanguarda ao abraçar energias renováveis e implementar políticas inovadoras de gestão energética. Ambos os países demonstraram que a combinação de investimento em pesquisa e desenvolvimento com um sistema de políticas públicas bem estruturado pode criar um ambiente fértil para a inovação. O sucesso de suas experiências oferece valiosas lições sobre como se pode alinhar investimentos e tecnologia em prol de um bem comum.

As lições aprendidas na Dinamarca e na Alemanha atuam como faróis para outros países ao longo do caminho. É vital que discutamos e compartilhemos conhecimento e experiências. Como podemos unir forças para avançar nessa nova era? O entendimento das inovações energéticas e sua implementação não é uma tarefa individual, mas uma responsabilidade coletiva que exige a participação ativa de governos, empresas e cidadãos engajados. Somente assim, a inovação poderá ter efeito sustentável e duradouro em nossa sociedade.

A interação entre ciência e sociedade também se torna um pilar fundamental nesta transição. Despertar a curiosidade e a paixão pela ciência, engajar as comunidades e incentivá-las a ser parte do processo de transformação é um caminho inegociável. Caminhar junto, lado a lado, para desmistificar as barreiras que ainda existem entre a tecnologia de ponta e o cotidiano de milhões. Todos nós devemos assumir um papel ativo, alguém que não observa a história apenas por trás das cortinas, mas que escreve suas próprias páginas.

Esse futuro depende de nós. Os avanços que se avizinham são tão impressionantes quanto desafiadores, e devemos estar preparados para recebê-los — não apenas como indivíduos, mas como uma sociedade unida e resiliente. Conscientes de que somos os autores desta nova narrativa, vamos em frente, pois o amanhã está ladeado de oportunidades espelhadas na busca pelas energias do futuro.

A interação entre ciência e sociedade é um tema vital na transição para um futuro energético sustentável. O crescente interesse por energias renováveis e tecnologias inovadoras deve ser acompanhado por um envolvimento ativo das comunidades. Dessa forma, a sociedade torna-se não apenas espectadora, mas protagonista no processo de transição energética.

O papel da sociedade na transição energética não se limita a consumir energia renovável; implica também exigir mudanças e fomentar ações que acelerem essa transição. A pressão comunitária pode ser um fator decisivo na implementação de políticas favoráveis à energia limpa. Movimentos sociais em várias partes do mundo têm demonstrado esse poder, promovendo mudanças significativas nas práticas energéticas de seus países. A luta por uma energia mais acessível e limpa tem se multiplicado, com a população demandando maior responsabilidade dos governos e das indústrias.

As comunidades que abraçam essa nova era de consciência energética começam a transformar seus ambientes. Por exemplo, é cada vez mais comum ver agricultores se unindo para instalar painéis solares em suas terras, criando uma fonte de receita e, ao mesmo tempo, contribuindo para a redução das emissões de carbono. Essa cooperação não se limita ao setor rural; em áreas urbanas, bairros inteiros têm promovido iniciativas para compartilhar energia, tornando-se exemplos de eficiência energética e sustentabilidade.

Entretanto, a transição energética apresenta desafios éticos e sociais que devem ser abordados com responsabilidade. Enquanto as novas tecnologias prometem eficiência e redução de impactos ambientais, existe a preocupação com a equidade no acesso a essas inovações. As comunidades vulneráveis, frequentemente marginalizadas, podem ser as últimas a se beneficiar das energias limpas, o que pode perpetuar desigualdades sociais. Assim, é imperativo que as políticas que guiarão essa transição incluam a voz e as necessidades de todos os segmentos da sociedade.

Mas o que significa ter acesso equitativo à energia limpa? Significa garantir que as comunidades de baixa renda recebam apoio suficiente para implementar soluções energéticas que atendam às suas necessidades. Significa investir em educação e capacitação, assegurando que todos possam usufruir dos benefícios das energias renováveis, independentemente de sua condição econômica. Essa abordagem inclui levar tecnologia e conhecimento às áreas carentes, transformando-os em agentes da própria mudança.

Os desafios éticos não terminam aqui. As tecnologias emergentes, como a energia solar e eólica, devem ser implementadas sem comprometer a biodiversidade e o patrimônio local. Há o risco de que projetos de grande escala desloquem comunidades ou degradem ecossistemas sensíveis. Portanto, um diálogo aberto e inclusivo é necessário para enfrentar esses dilemas, envolvendo a comunidade no planejamento e na execução dos projetos. Essa tática promoverá um senso de responsabilidade compartilhada sobre como e onde as tecnologias são implementadas.

Além disso, é essencial fomentar uma cultura de responsabilidade ambiental que envolva educar as diversas camadas da população sobre a importância das energias sustentáveis. A educação se torna uma ferramenta fundamental na formação de uma sociedade consciente e engajada. Quanto mais as pessoas conhecem sobre sua energia e suas fontes, mais preparadas estão para exigir mudanças e participar ativamente do processo de tomada de decisões.

As escolas, universidades e organizações não governamentais têm um papel crucial nesse caminho. Elas podem servir como pontes de conexão entre conhecimento científico e ação social, promovendo workshops, palestras e projetos que incentivem o engajamento cívico. Assim, as novas gerações estarão não apenas informadas, mas capacitadas para serem líderes na transição energética que se aproxima.

Finalmente, ao construir um futuro energético mais sustentável, devemos nos lembrar que a interação entre ciência e sociedade é um processo dinâmico. É uma dança entre inovação, responsabilidade e participação cidadã. À medida que nos unimos para abraçar uma nova era de possibilidades energéticas, nos tornamos parte de uma revolução em curso — uma revolução que não apenas moldará o futuro da nossa energia, mas também transformará a forma como vivemos, interagimos e nos conectamos uns com os outros e com o nosso planeta.

Políticas Públicas e Sustentabilidade

A realidade que vivemos hoje exige uma resposta robusta e assertiva das autoridades e decisões que moldam o setor energético. Neste escopo, as políticas públicas emergem como uma espinha dorsal fundamental para potencializar a transição rumo a uma matriz energética mais sustentável e equitativa. Ao estabelecer diretrizes claras e firmes, os governos não apenas criam um ambiente favorável para o desenvolvimento das energias renováveis, mas também garantem que as comunidades se beneficiem igualmente das inovações e transformações que estão por vir.

Um exemplo paradigmático de políticas públicas eficazes pode ser observado na implementação de incentivos fiscais para empresas e residências que adotam tecnologias limpas. Medidas como descontos nos impostos para quem instala painéis solares ou sistemas de aquecimento de água solar têm sido fundamentais na promoção do acesso à energia sustentável. O que antes poderia ser visto como um luxo, hoje se torna uma opção viável para muitos, demonstrando que a intervenção governamental pode agir como um catalisador para mudanças sociais.

No entanto, é vital que essas políticas não sejam vacilantes. A previsibilidade e a consistência nas ações do governo são essenciais para criar um clima de confiança entre investidores e cidadãos. Quando as regras do jogo são claras e estão embasadas em um plano estratégico de longo prazo, empresários tornam-se mais propensos a investir em tecnologias sustentáveis, resultando em mais empregos, novas iniciativas e uma economia vibrante, alinhada aos objetivos de desenvolvimento sustentável.

As parcerias estratégicas também desempenham um papel crucial na execução dessas políticas. A colaboração entre o setor público, privado e a academia pode criar sinergias poderosas. Por exemplo, programas de pesquisa conjunta entre universidades e empresas que buscam solucionar problemas energéticos específicos geram inovação contínua e contribuições significativas para a eficiência do setor. Além disso, a troca de experiências e conhecimentos entre diferentes atores possibilita uma abordagem mais integrada e abrangente.

Um estudo de caso interessante pode ser observado nas políticas implementadas na Finlândia, onde uma combinação de incentivos regulatórios e parcerias públicas-privadas levou ao desenvolvimento de uma infraestrutura energética robusta. O país tem investido fortemente em tecnologias de armazenamento de energia e eficiência energética, equiparando-se ao topo das nações em transição energética. O salutar compromisso do governo em apoiar iniciativas verdes e ao mesmo tempo promover uma economia circular serve de exemplo a ser seguido internacionalmente.

Por outro lado, é importante não perder de vista os segmentos mais vulneráveis da sociedade. As políticas públicas devem estar orientadas não apenas para a promoção das energias renováveis, mas também para garantir que todos tenham acesso a elas. Onde há envolvimento comunitário, a adoção de soluções energéticas limpas se torna mais eficaz. A equidade social deve estar no cerne da transição energética, de forma que as baterias de hidrogênio ou as turbinas eólicas não sejam apenas benefícios a serem desfrutados por poucos, mas oportunidades inclusivas que elevam a qualidade de vida das comunidades como um todo.

Nesse sentido, o papel das lideranças locais se torna vital. Elas podem atuar como agentes de mudança, levando o conhecimento e a conscientização acerca das vantagens das energias sustentáveis a níveis comunitários. Parishioners em pequenas paróquias podem trabalhar em projetos de energia solar, oferecendo workshops sobre eficiência energética e cooperativas que fomentam a autonomia da população. É nessas pequenas rodas de transformação que surgem as grandes revoluções.

No entanto, é crucial que a abordagem seja sistêmica e não fracionada. A coordenação entre diferentes esferas governamentais e com outros setores da sociedade é fundamental para garantir que as políticas energética e ambiental estejam alinhadas, evitando a sobreposição de iniciativas que podem gerar confusão nas comunidades. Isso solidifica um avanço mais coeso e coeso rumo a um futuro em que as energias sustentáveis sejam realmente acessíveis a todos.

Com um pano de fundo sólido formado por políticas públicas bem estruturadas e parcerias estratégicas, podemos olhar para o futuro com esperança. Um futuro onde não só a inovação tecnológica é celebrada, mas também as pessoas e as comunidades são parte ativa dessa revolução. Um futuro ampliado pela percepção de que a energia e o bem-estar não são privilégios, mas direitos de todos, onde cada um de nós pode ser protagonista na história da sustentabilidade.

A educação emerge como um pilar fundamental na construção de um futuro energético sustentável e inovador. O reconhecimento de que a formação e a conscientização são necessárias para empoderar a sociedade na transição energética é um passo crucial. Estamos diante de um fenômeno que vai além da sala de aula; é um chamado a uma evolução coletiva que deve capacitar cada cidadão a se tornar um agente de mudança.

Capacitação e conscientização são as chaves que abrem as portas das possibilidades. Programas educacionais focados em energias renováveis e eficiência energética devem ser implementados em diversos níveis, desde as escolas primárias até as universidades. A utilização de currículos interdisciplinares, que combinem a teoria com projetos práticos, garantirá que os estudantes tenham uma vivência real da importância das energias sustentáveis.

    A educação não deve se restringir ao conhecimento técnico, mas abarcar também questões sociais e éticas. Ao propormos um ensino que discorra sobre como a justiça social se entrelaça com as energias renováveis, sensibilizamos os alunos para que entendam não apenas como funcionam as tecnologias, mas também quais são os impactos de sua adoção nas comunidades e nos ecossistemas. Assim, estar educado sobre energia sustentável torna-se um ato de responsabilidade cívica.

    Iniciativas inovadoras ao redor do mundo têm mostrado a eficácia desse modelo educativo. Cito como exemplo um projeto na Alemanha, onde escolas rurais implementaram um sistema de energia solar, envolvendo os alunos no processo de instalação e manutenção. Esse trabalho hands-on não apenas ensinou as crianças sobre inovação tecnológica, mas também deixou uma impressão duradoura sobre o potencial das energias limpas e a importância da responsabilidade ambiental.

    Essa abordagem prática deve ser estendida a diferentes contextos. Ao integrarmos visitas a usinas, palestras com especialistas e oficinas de criação de pequenos projetos sustentáveis, podemos provocar um impacto significativo nos jovens. A combinação de teoria e prática irá ressoar profundamente, criando um ambiente propício à formação de líderes conscientes do seu papel na sustentabilidade.

Além das instituições educacionais, é vital que as comunidades se tornem participantes ativas nesse processo de aprendizagem. Cultivando conhecimentos sobre práticas sustentáveis em centros comunitários e durante reuniões locais, elevamos a consciência coletiva sobre a biodiversidade, os recursos naturais e a preservação ambiental. Espaços que incentivem a troca de experiências e o fortalecimento de laços comunitários vão nourriture um senso de pertencimento e responsabilidade.

Por fim, o futuro do ensino de ciências precisa evoluir de forma que integre aspectos práticos e teóricos na abordagem educativa. A promoção de experiências reais que conectem estudantes com suas comunidades vai moldar não só cidadãos bem informados, mas também indivíduos que agem em prol de um mundo mais justo e equilibrado. A educação precisa se tornar um laboratório não só de conhecimento científico, mas de transformação social.

Ao cultivarmos um ambiente que favoreça a curiosidade, a criatividade e a conscientização, estamos não só educando para o presente, mas preparando as futuras gerações para enfrentar os desafios que virão. Essa transição não será feita apenas por especialistas em tecnologia, mas por todos aqueles que compreenderem a profundidade do impacto que a energia sustentável pode ter em suas vidas e na sociedade como um todo. Portanto, é uma responsabilidade coletiva tornar a educação no setor energético uma prioridade, se almejamos um futuro mais vibrante e sustentável para todos nós.

Capítulo 11: Desvendando o Potencial do Hidrogênio: O Combustível do Futuro

A História do Hidrogênio e sua Jornada até Aqui

O hidrogênio, muitas vezes chamado de alimento primário do universo, emergiu da escuridão primordial após o Big Bang, criando não apenas estrelas, mas dando origem a um dos elementos mais simples e abundantes do cosmos. Sua descoberta data de 1766 pelo cientista britânico Henry Cavendish não foi apenas um marco na química; foi o início de uma jornada que nos levaria a compreender melhor as energias do futuro.

Ao longo do século XVIII, os estudiosos começaram a explorar as propriedades do hidrogênio, e o intrigante relacionamento deste elemento com o oxigênio culminou na formação da água, um dos combustíveis essenciais para a vida. O conhecido cientista Antoine Lavoisier, que batizou o hidrogênio a partir das palavras gregas que significam "gerador de água", não apenas reforçou a sua importância no cenário químico, mas também ajudou a desvendar os segredos da combustão e da preservação da matéria.

Contudo, a trajetória do hidrogênio na revolução energética só começou a se desenhar nos séculos posteriores, quando sua reatividade e propriedades únicas foram reconhecidas. No século XIX, o hidrogênio já estava em uso em diferentes química e experimentos, como os primeiros balões de gás, que atraiam a atenção do público, como um símbolo da inovação e do progresso. Gaston de Rasieur e os irmãos Montgolfier foram pioneiros em dar vida a essa ideia, fazendo com que o hidrogênio se tornasse sinônimo de aventura e descoberta.

À medida que o século XX se desenrolava, a pesquisa em torno do hidrogênio intensificou-se, especialmente após a Primeira e a Segunda Guerras Mundiais. O hidrogênio não apenas ganhou notoriedade como um componente nas explosões atômicas, mas também se transformou em uma promessa de um futuro energético. Pesquisas focadas na fusão nuclear passaram a destacar as possibilidades de se utilizar o hidrogênio como combustível, uma fonte que poderia, em teoria, alimentar as necessidades energéticas do mundo por milênios.

No entanto, a verdadeira revolução do potencial do hidrogênio como vetor energético só seria compreendida na virada do século XXI. Com o aumento da preocupação com as mudanças climáticas e a necessidade urgente de fontes de energia limpa e renovável, cientistas e engenheiros começaram a olhar para o hidrogênio não apenas como um elemento sozinho, mas como um grande colaborador na era da sustentabilidade. A eletrólise da água, transformando energia elétrica em hidrogênio, tornou-se uma das principais áreas de foco, simbolizando a união entre tecnologia, ciência e o desafio urgente de combater a crise climática.

Assim, a jornada do hidrogênio nos mostra como essa pequena molécula se torna extraordinária. Do âmbito dos laboratórios às discussões contemporâneas em torno do hidrogênio verde, cada passo traz aprendizado e desafios. O reconhecimento do hidrogênio como um potencial combustível do futuro não é apenas o reconhecimento de um recurso, mas a abertura de um capítulo nas mudanças que moldarão nosso mundo. O que nos espera e como iremos usar essa poderosa ferramenta em mãos são perguntas que nos convocam a encarar o amanhã com responsabilidade e criatividade.

À medida que avançamos nas páginas seguintes, nosso foco se voltará para as propriedades físicas e químicas do hidrogênio, desvendando por que esse elemento é considerado o combustível do futuro. O olhar se aprofunda em seu caráter inerente, nos desafios que cercam sua produção e armazenamento, e, com isso, nos preparamos para explorar um potencial que não se limita ao que é imediato, mas que ecoa nas visões para o futuro.

As propriedades do hidrogênio são fascinantes e multifacetadas, o que o torna um franqueado ideal no contexto energético contemporâneo. Para começarmos, podemos ressaltar que o hidrogênio é o elemento mais leve da tabela periódica. Essa leveza lhe confere um potencial imenso para aplicação em tecnologias que buscam eficiência e sustentabilidade. Por exemplo, quando usamos hidrogênio em células de combustível, o resultado é apenas água como subproduto — um verdadeiro milagre ambiental em comparação com a queima de combustíveis fósseis.

Vamos imaginar uma conversa entre cientistas em um laboratório onde a atmosfera estava carregada de entusiasmo. Uma pesquisadora, Ana, olhou para seu colega Roberto e falou: "Você percebe que o hidrogênio poderia se tornar nosso principal aliado na luta contra as emissões de gases do efeito estufa? Ele pode ser produzido a partir de água e energia solar ou eólica. É uma solução tão simples e poderosa!" A conversa fluía enquanto eles lançavam ideias sobre como desenvolver um sistema que aumentasse a eficiência da eletrólise da água, um método pelo qual a energia elétrica quebra moléculas de água em hidrogênio e oxigênio.

A eletrólise é um processo intrigante. A energia consumida pode vir de fontes renováveis, como solar e eólica, minimizando, assim, a pegada de carbono desse combustível limpo. Roberto discordou moderadamente: "Sim, mas precisamos considerar o armazenamento. O hidrogênio é volátil e precisa de enormes pressões para ser armazenado com segurança. Que soluções podemos prototipar?" Ele estava ciente dos desafios, mas ambos sabiam que quando trabalhamos juntos, a inovação tende a seguir.

Neste ponto da análise, deve-se falar da reatividade do hidrogênio. Ao interagir com outros elementos, especialmente em processos combustíveis, o hidrogênio apresenta uma eficiência de energia que se destaca. Por exemplo, em um motor de combustão ou em uma célula de combustível, sua capacidade de liberar grande quantidade de energia a cada reação é admirável. Um motorista de ônibus que utiliza hidrogênio como combustível, bem como um entusiasta das energias limpas, sentiria a pressão da aceleração, lembrando-se que o que impulsiona seu veículo sustentável não deixa rastros prejudiciais ao meio ambiente.

Essa abordagem promove não apenas a eficiência energética, mas também a versatilidade. Naquelas conversas imaginárias e vibrantes entre Ana e Roberto, implantava-se uma visão do futuro. Ana comentou com entusiasmo: "E se usássemos o hidrogênio não só para transporte, mas também para aquecer os lares, para nos alimentar como uma fonte de energia inteiramente nova?" É aqui que se abre uma verdadeira revolução – um sistema em que o hidrogênio presta suporte à vida cotidiana, transformando casas em lares que operam em harmonia com a natureza.

Entretanto, se os diálogos revelam um futuro promissor, não devemos perder de vista os obstáculos. A produção em larga escala de hidrogênio verde é, atualmente, cara e requer uma mudança significativa em nossa infraestrutura. A infraestrutura de distribuição e armazenagem precisa ser repensada para possibilitar uma economia de hidrogênio robusta e acessível. Neste diálogo, a perseverança emerge como o tema subjacente.

Imaginemos um cenário no qual um grupo de empreendedores se reúne para discutir a viabilidade de um novo projeto de tecnologia de hidrogênio. Todos conhe representam a diversidade de perspectivas: desde o investidor, que procura retorno, até o cientista, que imagina um mundo sem poluição. Essas vozes não são apenas sons — elas se entrelaçam em um chamado que ecoa pelas ruas da cidade, buscando soluções que estão em sua essência: criação, união e anseio por um planeta melhor.

Assim, ao acreditarmos nas promessas dessas interações entre hidrogênio e tecnologia, e ao considerarmos seus impactos potenciais em nossa vida diária e no equilíbrio ambiental, abrimos as portas do futuro promissor que se assevera no horizonte. A próxima geração está se preparando para ensinar-nos que o verdadeiro progresso não está apenas na inovação tecnológica, mas na forma como escolhemos utilizar os recursos à nossa disposição, essencialmente o hidrogênio, como uma luz que pode iluminar o caminho rumo a uma nova era energética.

As novas tecnologias emergentes relacionadas ao hidrogênio estão se transformando não apenas em promessas, mas em realidades palpáveis em todo o mundo. A eletrólise, que consiste na separação de água em hidrogênio e oxigênio utilizando eletricidade, ganhou grande atenção. Mas como transformar essa técnica em um vetor energético viável? Alinhando sistemas renováveis como solar e eólico, conseguimos produzir hidrogênio verde a um custo que, embora ainda elevado, se torna cada vez mais competitivo com combustíveis fósseis.

Em um pequeno laboratório na Alemanha, pesquisadores discutiam animação sobre uma nova célula de eletrólise que poderia reduzir custos de produção do hidrogênio. Maria, engenheira dedicada, compartilhava sua empolgação: "Se conseguirmos aumentar a eficiência em 20%, poderemos democratizar o acesso ao hidrogênio!" E, enquanto falava, seus colegas concordavam, deixando claro o quão próximo estavam de uma revolução energética.

Outro exemplo significativo do uso do hidrogênio se dá no setor de transportes. Veículos movidos a hidrogênio já estão operando em muitas cidades ao redor do mundo, fornecendo não apenas uma alternativa ao consumo de combustíveis fósseis, mas também contribuindo para cidades mais limpas e sustentáveis. O ônibus que corre em uma cidade da Califórnia é movido a hidrogênio, e a reação do público é sempre de admiração. Durante uma entrevista, o motorista comentou: "Dirigir um veículo que não emite poluição me faz sentir parte da solução, não do problema. Isso é libertador!"

Além das inovações no transporte, espera-se que o hidrogênio vermelho, gerado a partir de fontes fósseis, mas utilizando tecnologias que capturam CO_2, ganhe cada vez mais destaque. Usar o hidrogênio como combustível não só para o transporte, mas também para processos industriais é crucial. Em um experimento feito por uma fábrica de aço na Suécia, o hidrogênio foi utilizado para substituir o carvão em parte do processo de fabricação, reduzindo significativamente as emissões de carbono. A equipe envolvida celebrou cada tonelada de CO_2 que deixaram de emitir como um passo em direção a uma indústria mais responsável.

Porém, todos esses avanços exigem um suporte robusto em termos de infraestrutura. Para que a economia do hidrogênio prospere, é preciso implementar redes de distribuição que sejam seguras e eficientes. O trabalho em certos países já está em andamento, com o desenvolvimento de "hidrogênio hubs", onde o deslocamento e armazenamento desse combustível são otimizados.

Embora a jornada do hidrogênio como vetor energético esteja repleta de oportunidades, também enfrenta desafios palpáveis. A competitividade em relação a outras fontes energéticas, o custo da produção e os métodos de armazenamento são questões que ainda precisam ser cuidadosamente abordadas. No entanto, a energia hidrogênica carrega consigo um enorme potencial, se posicionando como um dos pilares para uma sociedade mais limpa e próspera.

Assim, ao explorarmos as tecnologias emergentes e as aplicações práticas do hidrogênio, começamos a ver o desenho de um futuro que não apenas se baseia em inovações, mas também em uma verdadeira transformação social e ambiental. O que se apresenta agora é uma nova narrativa, onde o hidrogênio não é apenas o combustível do futuro, mas um caminho para uma nova compreensão sobre como podemos, efetivamente, preservar nosso planeta enquanto atendemos às nossas necessidades energéticas.

Os desafios enfrentados pela indústria do hidrogênio são reais e complexos, colocando em xeque o potencial do hidrogênio como um vetor energético viável para o futuro. A produção em larga escala, a logística de transporte, a segurança no armazenamento e a necessidade de uma infraestrutura sólida são apenas algumas das barreiras que precisamos superar.

Imaginemos uma conversa entre especialistas em energia, todos reunidos em uma conferência sobre o futuro do hidrogênio. Maria, uma engenheira de produção, inicia o diálogo reconhecendo os empecilhos: "Embora o hidrogênio verde tenha um grande potencial, temos que encarar a realidade dos custos e da eficiência na produção." João, um acadêmico com anos de pesquisa, concorda: "Isso é verdade. Cada carência que enfrentamos precisa ser discutida abertamente para que possamos desenvolver soluções concretas. Sem isso, não vamos a lugar nenhum."

As discussões em torno da infraestrutura são particularmente impactantes. Para que o hidrogênio possa ser utilizado em larga escala, instalações de produção, armazenamento e transporte precisam ser otimizadas. O hidrogênio é conhecido por sua natureza explosiva e por suas características únicas — quando sob pressão, suas propriedades se alteram, tornando-o desafiador de manusear. Assim, a construção de dutos seguros e eficientes, bem como os sistemas de armazenamento de alta pressão, são passos cruciais para viabilizar a economia do hidrogênio.

Além disso, é importante ressaltar que o que já existe em termos de infraestrutura risque assentar as bases para o futuro. Vários países estão lutando para comissionar um quadro legislativo apropriado que possa facilitar essa transição. O Estado desempenha um papel central nesse processo. Iniciativas públicas que fomentem a pesquisa e o desenvolvimento são necessárias para criar uma rede de suporte que não só auxilie empresas já estabelecidas, como também encoraje startups a se aventurarem nesse campo emergente.

Naquela conferência, estava presente também Ana, uma economista especializada em política ambiental. Ana fez uma pergunta que reverberou pela sala: "Estamos realmente prontos para aceitar os investimentos necessários? É uma questão de responsabilidade social. Precisamos garantir que as comunidades marginalizadas também se beneficiem dessa transição." Essa observação trouxe à tona a importância da justiça social no setor energético. Um mundo onde o acesso ao hidrogênio é econômico enquanto promove equidade não pode ser ignorado.

A questão ambiental, é também uma preocupação que frequentemente aparece nas diálogos sobre o hidrogênio. Um aumento no uso do hidrogênio pode contribuir para a redução das emissões de carbono, mas deve-se lembrar que a maneira como ele é produzido também tem impactos. O hidrogênio produzido a partir de fontes fósseis, por exemplo, ainda pode ter um impacto ambiental significativo. Por isso, é urgente que as estratégias focadas no hidrogênio sejam sempre acompanhadas de um olhar crítico sobre suas práticas de produção.

Conforme essas discussões se desenrolam, os participantes também se atentam para a necessidade de um olhar interdisciplinar. O envolvimento de profissionais de várias áreas será essencial para superar os desafios do hidrogênio. Desde engenheiros, empresários e ambientalistas até especialistas em política, a diversidade de experiências e conhecimentos será vital para criar soluções abrangentes.

À medida que avançamos e desbravamos os desafios que vislumbramos, a jornada em direção ao uso do hidrogênio como vetor energético é um caminho contínuo de aprendizado e adaptação. Este futuro, embora repleto de dificuldades, é igualmente repleto de oportunidades. Por isso, apreciamos não apenas a ciência por trás do hidrogênio, mas também a necessidade de um esforço conjunto que promova uma verdadeira transformação.

Vale lembrar que a evolução do hidrogênio não significa apenas uma transição tecnológica, mas uma mudança no jeito como pensamos e interagimos com nosso meio ambiente. Portanto, enquanto fazemos essa transição, a consciência de que somos todos responsáveis pelo futuro energética do planeta deve nos guiar. Dessa forma, estamos não só adotando uma nova forma de energia, mas, essencialmente, reinventando a nossa conexão com o mundo e com nós mesmos. Um futuro onde o hidrogênio não seja apenas um combustível, mas um emblema da colaboração, responsabilidade e inovação.

Capítulo 12: A Transformação Energética do Hidrogênio: Caminhos para a Sustentabilidade

Tecnologia de Produção de Hidrogênio Verde

À medida que mergulhamos no potencial revolucionário do hidrogênio no cenário energético global, é essencial começar a desvendar as tecnologias que possibilitam a produção de hidrogênio verde. Esta forma de hidrogênio, obtida a partir de fontes renováveis e sustentável, não é apenas uma esperança, mas uma realidade em constante evolução.

Para que possamos compreender de forma mais clara, imagine um laboratório repleto de fades e paredes douradas, onde cientistas se dedicam incansavelmente a descobrir novas maneiras de desvendar o potencial do hidrogênio. Em meio a esse ambiente vibrante,

Clara, uma engenheira química apaixonada por energias renováveis, discute animadamente com seu colega, Paulo.

"Paulo! Você já leu sobre os avanços na eletrólise? Com os novos eletrodos, conseguimos aumentar a eficiência em até 30%!", ela exclamou, com um brilho nos olhos. "Se conseguimos otimizar o processo, podemos fazer do hidrogênio uma opção viável e acessível para milhões de pessoas!"

Paulo, um pouco mais cético, ponderou. "É verdade, Clara, mas precisamos também olhar para os custos de produção. A eletrólise ainda é cara se considerarmos a escalabilidade. Precisamos de um plano que não apenas funcione em laboratório, mas que seja aplicável em larga escala."

A eletrólise da água, que consiste na separação das moléculas de água em hidrogênio e oxigênio através da aplicação de energia elétrica, é uma das principal tecnologias que se destacam neste processo. Contudo, sua eficiência ainda esbarra em barreiras econômicas e técnicas. Para isso, tecnologias emergentes estão sendo exploradas. A reformação do metano, por exemplo, associada à captura e armazenamento de carbono, surge como uma alternativa promissora, aliviando muitas das limitações do processo.

"Precisamos que as energias renováveis, como a solar e a eólica, alimentem esses sistemas de eletrólise", Clara continuou, entusiasmada com a perspectiva. "Dessa forma, o hidrogênio que produzimos não só é sustentável, mas estará alinhado com as metas globais de redução das emissões de carbono."

O diálogo é enriquecedor e revelador: a produção de hidrogênio verde é sobre mais do que apenas gerar energia. Envolve um compromisso profundo com a inovação, a sustentabilidade e, claro, com um futuro mais limpo e responsável. Nessa jornada, não podemos ignorar o papel fundamental da engenharia química e das colaborações interdisciplinares que podem catalisar esse progresso.

"E o armazenamento?" indagou Paulo, trazendo à tona um novo ponto. "Ainda temos preocupações com o manuseio e a distribuição do hidrogênio. É preciso que desenvolvamos um sistema de infraestrutura que faça a transição da produção para o uso."

Diversas abordagens estão sendo estudadas para enfrentar esses desafios. O armazenamento em alta pressão, por exemplo, é uma opção, mas requer cuidados extremos. O uso de hidruretos metálicos e líquidos criogênicos também são alternativas que, embora complexas, oferecem promessas de segurança e eficiência.

"Nós, como cientistas e engenheiros, temos o poder de moldar o futuro", Clara refletiu. "Se pudermos combinar a inovação na produção e no armazenamento com a política certa e o apoio financeiro, poderemos alcançar um mundo onde o hidrogênio não é apenas um sonho, mas uma realidade."

Diante dessa perspectiva, a produção de hidrogênio verde se torna muito mais do que uma questão técnica; é uma responsabilidade coletiva e uma oportunidade sem limites.

Portanto, ao nos aprofundarmos nas tecnologias que viabilizam a produção de hidrogênio, devemos ter coragem e determinação para enfrentar os obstáculos, sempre com a clareza de nossa missão maior: promover uma transformação energética que beneficie o planeta e as futuras gerações.

Armazenar e distribuir hidrogênio é uma empreitada que representa um dos maiores desafios no avanço dessa forma de energia. Ao explorarmos as soluções em armazenamento, começamos a entender as diferentes metodologias que podem tornar o hidrogênio uma alternativa viável no nosso cotidiano. Em um ambiente de laboratório onde inovações estão sendo testadas, Clara e Paulo retomam sua discussão sobre os desafios que cercam o armazenamento do hidrogênio.

"Temos que considerar que o hidrogênio, por ser o elemento mais leve, requer condições específicas para ser armazenado de forma segura", disse Clara, enquanto esboçava gráficos em um quadro branco. "O armazenamento em alta pressão é uma opção, mas é algo que exige um rigor enorme em segurança."

Paulo concordou, mas apontou uma solução alternativa. "Recentemente, li sobre o uso de hidruretos metálicos. Esses compostos não apenas armazenam hidrogênio sob pressão normal, mas também funcionam como uma forma de armazená-lo de maneira conservada e segura." Ele olhou para Clara, ansioso para saber sua opinião. "O que você acha dessa abordagem?"

"É promissora, sem dúvida", respondeu ela. "Os hidruretos metálicos podem funcionar a temperaturas ambiente, eliminando a necessidade de dispositivos de alta pressão. No entanto, os custos de produção e os períodos de carga ainda precisam ser analisados."

Enquanto eles trocavam ideias, a conversa evoluiu para as aplicações práticas dos métodos de armazenamento. Ana, uma especialista que se juntou à discussão, mencionou os líquidos criogênicos. "Recentemente, implementamos um projeto que envolvia o armazenamento de hidrogênio líquido. Embora essa técnica seja eficiente, exige um sistema complexo para manter as temperaturas extremamente baixas", explicou ela, gesticulando enquanto falava.

Clara ponderou sobre a complexidade do armazenamento líquido e suas aplicações: "De fato, a logística é complicada. Armazenar hidrogênio líquido pode ser uma solução para transporte em longas distâncias, mas é preciso facilitar toda uma cadeia de suprimentos."

Ao falarem sobre inovações na infraestrutura, um dilema esperado se apresentou. "A construção de dutos de hidrogênio se torna urgente", enfatizou Paulo. "Trabalhar em rede para permitir que o hidrogênio flua entre as indústrias, residências e veículos será um passo crucial a ser dado."

Ana adicionou sua visão sobre a liderança na implementação dessas tecnologias. "Precisamos que políticas públicas apoiem essa infraestrutura. Somente assim os investimentos necessários para a transição serão viáveis." A equipe não podia deixar de se impressionar com a sinergia entre todos os elementos mencionados.

A conversação continuou até o entardecer, indo além das capacidades técnicas. Cada um deles também refletiu sobre o impacto social das opções de armazenamento de hidrogênio. "Devemos garantir que essas tecnologias não beneficiem apenas alguns, mas trabalhem em favor das comunidades pós-industriais que precisam de alternativas sustentáveis", Clara alertou, trazendo à discussão uma perspectiva crítica e compassiva.

Ana levantou um ponto importante. "O acesso equitativo à energia é parte integrante da nossa responsabilidade. Devemos nos perguntar:

como essas soluções podem contribuir para promover mudanças sociais positivas?"

Com essas discussões, as perguntas sobre o futuro do hidrogênio e suas aplicações tornar-se-iam cada vez mais intrigantes. Cada um, profundamente envolvido em suas ideias, compartilhava a esperança de que essas transformações pudessem não só beneficiar a indústria, mas também a sociedade. Para eles, o armazenamento e a distribuição de hidrogênio não eram meramente uma questão técnica. Era um chamado à ação, um passo rumo à sustentabilidade, com o potencial de transformar vidas.

Assim, ao olharmos para a frente. O que nos espera no horizonte é não apenas um combustível, mas a busca por um mundo mais justo e sustentável que começa em laboratórios e se expande para a sociedade. Essa jornada, repleta de desafios a serem superados, é também uma oportunidade de reconstruir nossa forma de interagir com o planeta.

Nesse âmbito, finalmente, a necessidade de colaboração e inovação em todas as esferas se torna cada vez mais clara. É necessário um diálogo contínuo e um compromisso com uma abordagem humanitária para garantir que o hidrogênio não apenas altere a matriz energética, mas também se torne um aliado nas lutas sociais e ambientais que atravessamos.

As aplicações do hidrogênio no universo industrial e no transporte são verdadeiramente fascinantes. No entanto, é essencial compreender não apenas suas promessas, mas também os desafios que surgem ao considerar a implementação dessas tecnologias em larga escala.

Em uma sala de conferência iluminada, os principais engenheiros do setor elétrico se reuniam para discutir as evoluções mais recentes em veículos movidos a hidrogênio. Ricardo, um dos engenheiros mais respeitados, levantou uma questão importante: "Como podemos garantir que a produção de hidrogênio verde se torne acessível e economicamente viável para o cidadão comum?"

Ana, uma entusiasta do desenvolvimento sustentável, efetuou uma pausa reflexiva. "Precisamos entender que o investimento em infraestrutura é crucial. Sem isso, estaremos apenas sonhando", argumentou, com fervor. "Devemos trabalhar em conjunto com as políticas públicas para garantir que a transição para o hidrogênio não beneficie apenas alguns, mas todos."

Esses diálogos ressaltam a importância da colaboração entre ciência, tecnologia e governança no mundo do hidrogênio. O cenário é um reflexo de um setor em total transformação, onde desafios técnicos estão ligados a questões sociais e políticas. O que se espera é que uma simples mudança na matriz energética não apenas reduza as emissões de carbono, mas também traga um impacto social positivo nas comunidades.

No entanto, apesar das percepções otimistas, a realidade das mudanças no setor de transporte ainda apresenta desafios formidáveis. Os veículos de passageiros que utilizam hidrogênio como combustível verde enfrentam críticas. Durante uma apresentação em uma feira de inovação, um especialista em mobilidade urbana, Roberto, comentou: "A infraestrutura de abastecimento ainda é deficiente. Precisamos que mais pontos de abastecimento sejam instalados, como acontece com os combustíveis fósseis atualmente."

Ana, sempre otimista, contrapôs: "Sim, mas estamos avançando. Veja o exemplo da Califórnia, onde várias estações de abastecimento estão se multiplicando rapidamente. As iniciativas locais e estaduais estão criando um clima propício para a adoção desse novo modo de transporte."

Desde os ônibus que agora rodam em várias cidades, movidos a hidrogênio, até os programas que permitem a fabricação de células de combustível em nível local, cada passo em ouvir e atuar sobre o real uso de hidrogênio como vetor energético reflete a luta por um futuro mais sustentável.

Contudo, não apenas o transporte é impactado. O hidrogênio está começando a ser usado na indústria, particularmente na produção de aço. Isso transforma não só a produção, mas encerra um ciclo de emissão de carbono que há anos prevalece na indústria pesada. Ao discutir essa possibilidade, Rui, um empresário do setor, não esconde seu entusiasmo: "Imagine só, produzir aço sem poluição. É um sonho alcançado, não apenas para nós, mas para o planeta!"

Essa alegria no olhar de Rui é contagiado em outras conversas sobre o tema. A ideia de um processo industrial que não apenas gera produtos, mas preserva o meio ambiente ao mesmo tempo, tem o poder de inspirar uma nova geração de inovadores e criadores. Cada avanço traz consigo a visão de um futuro mais limpo e promissor. A fabricação cíclica no setor do aço significa não apenas a utilização de novas tecnologias, mas também um alinhamento a uma política pública mais verde.

A aplicação do hidrogênio nas áreas industriais apresenta um potencial imenso, mas requer disposição. Uma disposição que não é apenas técnica, mas também social. Esse é o momento em que cada um de nós deve fazer parte dessa mudança. O diálogo, a conexão e a consideração das implicações sociais de cada energia que consumimos são passos fundamentais no caminho para a sustentabilidade.

À medida que avançamos, devemos compreender que o verdadeiro potencial do hidrogênio não reside apenas nas suas propriedades químicas, mas também no poder de conexão que cria entre as pessoas. Essa força coletiva é o que impulsionará mudanças em larga escala que já estão a caminho. Portanto, enquanto os ecossistemas de energias renováveis se expandem, o convite à reflexão permanece aberto: como o hidrogênio poderá mudar a nossa vida e a do planeta? E o que estamos dispostos a fazer para garantir que essa transformação aconteça de maneira justa e equitativa?

A leitura que se propõe ao longo deste capítulo convida o leitor a imaginar esse futuro. Por meio de diálogos e coisas que surgem da interação humana, cada um é incentivado a pensar em como os elementos químicos do hidrogênio podem não apenas trazer soluções técnicas, mas moldar uma nova narrativa social que redefini o desenvolvimento sustentável. Essas histórias concluem não apenas em palavras, mas em ações que ecoam no mundo real. Assim, estamos prontos para passar para a próxima fase da nossa jornada, em direção a uma reflexão ética sobre o uso do hidrogênio em nossas vidas.

A discussão em torno da transformação energética impulsionada pelo hidrogênio não pode ocorrer sem um olhar crítico sobre as implicações sociais e éticas dessa transição. Imagine, por um momento, uma cidade onde o ar é fresco, livre das emissões nocivas geradas pelo queima de combustíveis fósseis. Essa visão não é apenas uma utopia ambiental; é um possível cenário que pode ser alcançado a partir do uso responsável do hidrogênio. No entanto, isso levanta questões significativas que vão além da tecnologia em si.

Sentados em uma mesa de conferência, além do foco habitual em números e eficiência, um grupo diversificado de especialistas em energia começa a discutir os impactos sociais dessa mudança. Marta, uma ativista comunitária, traz à tona um ponto crucial: "É maravilhoso falar sobre as reduções de carbono e os avanços tecnológicos, mas precisamos garantir que essa transição não deixe ninguém para trás."

Carlos, um engenheiro de sistemas renováveis, faz eco a essa opinião: "Estou totalmente de acordo. Se olharmos para a infraestrutura necessária, devemos considerar quem terá acesso a esses recursos. A falta de acesso ao hidrogênio verde pode aprofundar as desigualdades sociais que já enfrentamos."

Marta apropriou-se do ritmo da conversa e prosseguiu: "Os residentes em comunidades de baixa renda frequentemente enfrentam as maiores desvantagens em termos de qualidade do ar e saúde. Não podemos implementar soluções energéticas que beneficiem apenas certos setores da sociedade." Nessa linha de raciocínio, o grupo se vê imerso na necessidade de um enfoque inclusivo na inovação.

Em uma cidade que já teve experiências desafiadoras comaya a passagens de energia convencional, André, um dirigente comunitário, mencionou: "uma mudança de paradigma não pode acontecer sem a inclusão de vozes locais. É preciso envolver as pessoas que estão diretamente impactadas pelas mudanças em suas comunidades." A conversa se torna um ciclo de entendimento em que cada voz acrescenta uma perspectiva necessária.

Nesse contexto, as políticas públicas surgem como uma ferramenta vital. Ana, uma especialista em políticas energéticas, destacou que "políticas que promovam acesso equitativo ao hidrogênio verde devem estar no cerne da nossa transição. Isso não se trata apenas de tecnologia ou de alcançar metas de zero emissões, mas sim de criar um futuro que todos possam compartilhar."

Com essas ideias veiculadas, um compromisso ético se estabelece entre os participantes. São necessárias ações que não se limitem a aplicativos de tecnologia, mas que também cultivem relações sociais sólidas. Olhando para o futuro, deve haver um reconhecimento de que essa transformação energética guiada pelo hidrogênio não é apenas uma escolha técnica, mas um movimento humano que moldará o nosso mundo.

Por fim, essa vasta discussão é reflexiva e provocativa. Voltar-se para soluções energéticas sustentáveis, como o hidrogênio, é sem dúvida um passo em direção à construção de um futuro mais verde; mas isso deve ser acompanhado pela responsabilidade social que garantirá que todos tenham acesso às mesmas oportunidades e benefícios. A questão permanece: Como criar um sistema que não apenas funcione, mas que também seja justo, acolhedor e sustentável para todos? As respostas para essas perguntas serão fundamentais na construção do futuro energético que anseamos.

Essa narrativa detalha a transição energética do hidrogênio não como um mero avanço tecnológico, mas como uma responsabilidade compartilhada que deve ser abraçada por toda a sociedade.

A todos os leitores que embarcaram nesta jornada através das páginas de "Do Hidrogênio ao Urânio: Fortes Elementos para o Mundo", quero expressar meu mais sincero agradecimento. Cada palavra escrita aqui foi cuidadosamente escolhida com a intenção de não apenas informar, mas também inspirar. Este livro é um convite à reflexão e à ação, uma oportunidade de nos conectarmos com os desafios e as maravilhas que a química e a energia trazem ao nosso cotidiano.

Ao explorarmos os elementos que formam a base do nosso mundo, a intenção é clara: despertá-los para a importância do que está à nossa volta. O hidrogênio, frequentemente subestimado, e o urânio, repleto de controvérsias, são peças-chave em uma narrativa mais ampla sobre sustentabilidade, inovação e responsabilidade social. Que cada um de vocês se sinta motivado a buscar um futuro mais brilhante, onde a energia limpa e acessível seja uma realidade para todos.

Lembrem-se de que a mudança começa em nós. Cada escolha que fazemos, cada conversa que iniciamos e cada atitude que tomamos faz parte de um movimento maior em busca da justiça energética e da preservação do nosso planeta. Espero que as ideias apresentadas neste livro não só amplifiquem seu conhecimento, mas também inspirem uma paixão ardente pela beleza da ciência e pela urgência de um mundo mais sustentável.

Muito obrigado por me acompanhar nesta empreitada. Que possamos todos ser agentes de mudança em nossas comunidades e além.

Ezequias de Souza Ferraz Júnior

www.ingramcontent.com/pod-product-compliance
Lightning Source LLC
Chambersburg PA
CBHW052209220526
45471CB00004B/1889